U0840073

“十二五”普通高等教育本科国家级规划教材配套用书

机械工程测试技术基础学习指导、典型题解析与习题解答

李玮华　编著
杨秦建　主审

机械工业出版社

本书是编著者根据“机械工程测试技术”课程教学大纲的要求，总结多年授课经验，从认知、巩固、掌握和能力培养的目标出发，按照机械工业出版社出版的由熊诗波、黄长艺主编的《机械工程测试技术基础》第3版的章节，结合本课程的特点、难点、要点编写而成的。

全书由两部分组成。第一部分为学习指导、典型题解析及习题解答，共分9章。每章给出了本课程的主要内容提示，在学习要点中概括精练了每章的基础知识，并按“学习要求及学习方法”“学习要点与难点分析”“典型题解析”“复习思考题”“习题解答”5个方面加以阐述。对典型题、重点题和难点题均给出了详细的分析思路和解题步骤，对教材每章后的习题均给出了详细解答。第二部分为自测题及答案，所选题型全面，难易搭配适当。

本书可作为本科非电类专业学生和广大读者的参考书，也可作为从事机械工程测试技术教学的教师和报考相关专业硕士研究生的参考资料。

图书在版编目（CIP）数据

机械工程测试技术基础学习指导、典型题解析与习题解答/李玮华编著．—北京：机械工业出版社，2013.6（2023.7重印）

“十二五”普通高等教育本科国家级规划教材配套用书

ISBN 978-7-111-42878-7

Ⅰ.①机…　Ⅱ.①李…　Ⅲ.①机械工程—测试技术—高等学校—教学参考资料　Ⅳ.①TG806

中国版本图书馆CIP数据核字（2013）第127740号

机械工业出版社（北京市百万庄大街22号　邮政编码100037）

策划编辑：刘小慧　责任编辑：刘小慧　王寅生　刘丽敏

版式设计：常天培　责任校对：张晓蓉

封面设计：张　静　责任印制：单爱军

北京虎彩文化传播有限公司印刷

2023年7月第1版第7次印刷

184mm×260mm · 10.25印张 · 238千字

标准书号：ISBN 978-7-111-42878-7

定价：29.00元

电话服务　　网络服务

客服电话：010-88361066　　机　工　官　网：www.cmpbook.com

010-88379833　　机　工　官　博：weibo.com/cmp1952

010-68326294　　金　书　网：www.golden-book.com

封底无防伪标均为盗版　　机工教育服务网：www.cmpedu.com

前　　言

随着科学技术的飞速发展，以计算机技术、测控技术和通信技术为标志的信息技术在工业生产各个领域中得到广泛应用，现代生产过程和生产设备的自动化程度大大提高，这些设备大多是集机械、电子、信息、控制为一体的复杂的机电系统。它们的运行监测、故障诊断、维护维修以及结构试验和技术创新都与测试技术密切相关。测试技术隶属于信息科学的范畴，它是当代信息技术中三大支柱技术之一。也可以说，测试技术是任何高新、尖端技术的基础和先导，更是实现生产数控化、自动化的基础和前提。特别是在21世纪，信息在制造业中所占据的主导作用越来越凸显，而在工程试验和设备运行中的测试是准确、定量获取信息的重要方法和手段。也可以说测试技术应用水平的高低，是一个国家科学技术发展水平的重要标志。

“机械工程测试技术”课程是高等院校工科非电类专业的一门技术基础课程，也是相关专业考研的专业课程之一。更重要的是，这门课是掌握先进制造技术的基础，因此，作为非电类工科专业的学生掌握和精通“机械工程测试技术”这门理论和技术是十分重要的。

现代的测试技术是一种涵盖多种学科的综合技术，处处蕴含着崭新的技术精华，并体现着强烈的概念性。本书作为机械工业出版社出版的、由熊诗波教授和黄长艺教授主编的《机械工程测试技术基础》第3版的辅助教材，较全面地总结了“机械工程测试技术”的基本概念和技术精华，是编著者多年教学经验的总结。读者在学完《机械工程测试技术基础》教材后，阅读本书相应章节的重点和难点部分，定会对各章内容的概念、理论、分析方法有更加深入的理解和把握。同时，针对学生在目前学习过程中常出现的问题，编著者收集了大量的例题、习题和试题，通过对典型题目的解析，使读者对“机械工程测试技术”课程有进一步的认识，强化和深化概念，提高自身综合分析、解决问题的能力。“机械工程测试技术”是一种实践性很强的专业技术，读者在学习过程中，应充分注意理论与实践的结合。本着这一宗旨，本书所列举分析的例题、习题和自测题中有些是来自于生产实践中的应用实例。本书尽量使技巧性和实践性相辅相成，以利于促进读者对本课程的学习。

本书由两部分组成。第一部分为学习指导、典型题解析与习题解答，共分9章。每章给出了本课程的主要内容提示，在学习要点中概括精练了每章的基础知识，并按“学习要求及学习方法”“学习要点与难点分析”“典型题解析”“复习思考题”“习题解答”5个方面加以阐述。对典型题、重点题和难点题均给出了详细的分析思路和解题步骤，对教材每章后的思考题及习题均给出了详细解答（供参考）。第二部分为自测题及答案，所选题型全面，难易搭配适当，根据课程的要求给出了两套模拟试题，并配有答案，以便加强对读者实战能力的培养。

本书可作为本科非电类专业学生和广大读者的参考书，也可作为从事机械工程测试技术教学的教师和报考相关专业硕士研究生的参考资料。

本书在编写过程中，参考了多种教材和文献资料，得到了河北师范大学教务处同仁、职技学院的领导和同事以及河北科技大学杨秦建教授的支持和帮助，并由杨秦建教授完成审阅。在此特向他们表示诚挚的感谢。

由于编著者技术水平和实际经验有限，书中难免存在缺点和问题，恳请读者批评和指正。

编著者

目　　录

第一部分

学习指导、典型题解析与习题解答

绪　论

1. 学习要求及学习方法

本章为全书的概述，是学习本课程的指南，篇幅虽不多，但必须细心研读。学习本章后应掌握以下知识点：

1）测试技术的主要内容、作用和重要性。

2）信息、信号和噪声的基本概念及相互关系。

3）测试系统的一般组成。

2. 学习要点与难点分析

（1）机械工程测试技术的基本概念

1）测量与测试。

➢ 测量：是指确定被测物体属性量值的全部操作过程。例如测量工件尺寸、测量身高、测量温度、测量气压等。测量的目的是获取被测对象的物理参数。

➢ 测试：是指具有试验性质的测量。它包含了试验和测量两个方面。例如地质勘探、金属零件探伤、桥梁应力测定、机床振动强度检测、机床动态特性与结构合理性研究等就不是简单的参数测量，而是参数测量和试验分析相结合的测试。

2）测试技术是指为了获得有用信息所使用的科学技术和方法，是测量和试验技术的统称。测试技术隶属于信息科学的范畴，它是当代信息技术中三大支柱技术（测试技术、计算机技术和通信技术）之一。

由于现代工业生产自动化控制都以测试技术为先导，控制与测试息息相关，因此，测试技术也是一种控制技术。

3）机械工程测试技术是指以机械工程问题为研究对象的测试技术。

4）信息、信号及噪声。

➢ 信息：信息是被研究对象固有的、客观存在的运动状态和特征。信息本身不是物质，不具有能量，是不可度量的抽象量，但信息的传递要依靠能量。

➢ 信号：具有被测对象状态特征的物理量。信号是物理性的，是物质，具有能量。信号的物理形式有电信号、光信号、力学信号、物理化学信号、热工量信号、生物学信号等。

信号是传输信息的载体，是表征信息的物理工具。信息蕴含于信号之中，人类获取信息需要借助于信号的传播。

➢ 有用信息和有用信号：测试信号中携带着各种各样的信息，其中人们所需要的有用成分，称为有用信息。承载有用信息的信号，称为有用信号。

➢ 无用信息和噪声：在测试信号中也常含有大量人们不需要的其他成分，称为无用信息。表征无用信息的信号称之为噪声或干扰。测试工作的根本任务就是从信号中排除干扰或噪声，从而取得有用的信息。

5）静态测量与动态测量。

➢ 静态信号：信号不随时间变化，或可看成不随时间变化。

➢ 动态信号：信号随时间变化。

➢ 静态测量：是指不随时间变化的物理量的测量，如测尺寸、测形位误差等。

➢ 动态测量：是指随时间变化的物理量的测量。

6）测量的方法。

➢ 直接测量：无需经过函数关系的计算，直接通过测量仪器获取被测对象的量值的测量。

➢ 间接测量：在直接测量相关数值的基础上，根据函数关系计算出被测对象量值的测量。

7）测量误差计算。

➢ 绝对误差 = 测量结果 − 真值。

➢ 相对误差 $=\dfrac{\text{绝对误差}}{\text{真值}}\times 100\% \approx \dfrac{\text{绝对误差}}{\text{测量结果}}\times 100\%$。

（2）测试技术的内容　“测试技术”是测量与试验的概括。

“测量”是使用技术装置通过实验的方法求得被测量的值，或者是将被测量与同性质的标准量比较，并确定被测量与标准量的倍数。如用标准直尺测量物体的长度，在天平上用标准砝码称重，用水银温度计测量温度等。很明显存在着两种测量方式，一种是将被测量与标准量直接比较，叫做直接测量；另一种是间接测量，因为在某些场合，直接测量很困难，甚至不可能，如连续热轧钢板的长度、厚度，用直尺直接测量是不可能的。间接测量则要将被测量进行转换，如水银温度计是将温度转换成水银柱的膨胀位移，并以相应转换的标准温度进行刻度。这种将被测量转换成与之有某种函数关系的另一种量的方法叫做测量变换，它已成为现代测试技术理论的核心和根本出发点之一。任何一个现代化测试装置的唯一构成方法就是应用测量变换技术。随着微电子、计算机技术的发展，现代测试技术已经是以信息论、控制论和系统论为其科学基础，包括试验设计、模型和相似理论、传感器技术、模拟和数字信号处理、误差理论、控制理论、系统辨识与参数估计等学科内容。但在本课程中，测试技术内容限制在信息的传感采集、中间变换、信号分析处理、测试结果的显示、记录与存储等方面。

（3）测试技术的作用　测试技术在现代生活、生产和科学研究中的重要作用是不言而喻的。概括地说测试技术有以下几方面的应用：

测试技术在人民生活、工农业生产、国防科技等各个领域中广泛应用。在日常生活中，家用电器上应用测试技术实现自动功能；在现代医疗上，各种检查所使用的仪器应用测试技术实现自动检测，如心电图、CT、B 超等；在现代化工业生产中，更是离不开测试技术，可以说，没有一件现代产品在制造过程中不需要测试的。在原始的生产方法中人们可以仅凭经验，用眼看、耳听、手摸等感觉来掌握生产过程，因此有许多复杂的、困难的工艺是无法实现的，产品的质量也无法准确控制，生产效率很低。在现代化生产中可以采用测试技术对生产过程中的各种参数进行测量、分析和监控，保证了产品质量和生产效率的提高。

通常在生产技术和产品质量要求越高的部门，测试技术占的比重就越大。而且，生产过程自动化的实现必须以测试技术为基础。工业自动化控制技术实际就是测试控制技术，特别是在当今的计算机自动控制系统中，没有测试技术将生产现场的数据采集、变换，计算机的处理、控制就无从谈起。

在国防上，即使是常规的兵器，从设计到定型，再到装备部队，各环节都要经过大量的试验，从零件到总体，从模拟到实战，只有经过严格的试验使各项性能指标都达到了技术、战术的要求后，才能投入部队装备。导弹、卫星、遥测遥感、目标跟踪、航空航天技术中更是以测试技术为主导。

测试技术在机械工业中的应用主要有以下几个方面：

1）进行工况监测。即对生产工艺和操作过程中各种参数和工作状态进行监测。例如机床的振动强度、切削力变化、零件的受力以及材料的组织结构、温度、湿度、转速等。通过对工况的检测、监视，可以保证机器设备运行得安全可靠、高质高效，从而提高工作精度、节约能源、降低成本和原材料消耗、减少环境污染等。

2）是构成自动化控制系统和测控系统的重要组成部分。在工业生产中，通常要对一些参数进行控制，如电动机的转速、工作台的位移、工件的工位，还有卫星的轨迹、炮弹的弹道轨迹等，都必须以测量该参数为前提，由此构成闭环控制系统。在机械加工中最典型的应用就是数控机床的闭环控制系统，它对刀具的转速、刀具的切削深度、工作台位移等参数进行控制和调整，用来保证零件加工的精度。在机械加工制造业中测试技术应用最多的地方是自动机械手和工业机器人。

在当今的机械行业中，传统的机械化生产已逐步退位，机电一体化设备占的比重越来越大，在产品的加工中，由于传感技术和计算机信息处理技术的投入，使机电产品已经突破了传统模式，产品的质量大大提高，我国的机电产品在国际市场上的竞争力逐渐加强，占有的市场份额也越来越大。这一点在我国家电产品的出口上体现得最为显著。

3）实现设备的监测管理和维修，提高了生产效益。在机械工业的设备管理以及维修中，以工况检测和故障诊断为基础的检测维修代替传统的定期维修的技术正在迅速发展，以便充分发挥设备的生产效率。

4）进行工程实验分析。采用测试技术可以对实物原型和特制的模型进行试验，为验证理论分析、新结构新设计提供依据。还可以扩充智能机械控制（微型计算机控制）的知识库和数据库。

现在的工业生产自动化控制大都采用智能化控制系统，即计算机控制系统。计算机控制的前提是信号的检测，而信号的检测必须使用测试技术。所以说计算机控制技术的应用是建立在测试技术的应用之上的。要想完整地掌握计算机控制技术必须同时掌握测试技术。

（4）测试系统的一般组成　一般来说测试工作的全过程大致包括 5 个环节：采集信

号→调理信号→传输信号→分析与处理→显示与记录或将测试结果输出，应用与控制系统。

各环节链接的原则：输入与输出要一一对应，尽量保持不失真和消除干扰。

测试系统的一般组成如图 0-1 所示。

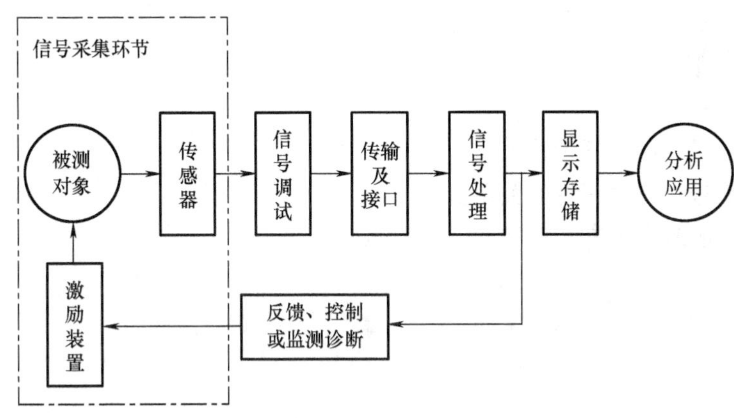

图 0-1　测试系统的组成

现在的测试系统正在推广使用微型计算机进行数据的采集和分析处理，将测试结果打印成各种表格或图形，这使得数据的处理速度和精度都大大提高了。

（5）难点分析

1）信息与信号的物理意义和关系。信息是一个抽象的名词，有关信息的概念及其数学模型的研究，还在不断的深入，其定义一般可以解释为“事物运动的状态和方式。”其物理意义通常理解为消息、情报或知识等。信息本身不是物质，不具有能量，但信息的传输要依靠物质的能量。信号是信息的载体，它是物质的，是具有能量的，信息蕴含于信号中。例如上课的铃声，是一种声信号，它包含的信息是“上课时间到了”；收到问候或祝福的短信，是一种光电信号，它传递着人与人之间的情感交流信息。总之，人类获取信息需要借助于信号的传播。

2）动态测试概念的建立。即把测试系统放置到被测体上或被测环境中，在被测体实际运动的过程中实时实况地测取其动态参数。

3. 本课程的研究对象和特点

本课程主要研究机械工程动态测试中常用传感器的原理、结构、中间变换电路，信号的分析与处理，测试信号记录显示仪器；其次研究典型机械量的测试方法和装置，如位移、振动、力的测试技术等。

机械工程是一门技术基础课，是一门边缘学科又是一门实践性很强的应用学科。它的主要特点是内容丰富，涉及广泛的知识和技术领域。在学习本课程时应抓住重点，注意联系，重视实验，学会举一反三，特别着重“基础”，把精力放在测试技术的共性问题上。由于学习时要应用高等数学、电工电子、物理、自动控制、计算机技术、材料及工艺学知识等，因此要注意各知识之间的联系，逐步培养综合运用基础理论与工程技术知识的能力。另外学习测试技术需要有大量的实验做支撑，通过实验消化，理解所学的基本理论和基本方法，以促进理论与实际的联系，提高观测、分析和解决问题的能力。大量教学实践表明，若不重视实验，很难真正学会本课程。

4. 复习思考题

1）测量、计量、测试三者的关系。

2）信息、信号、噪声三者的关系。

3）测试技术的基本内容有哪些？

第 1 章　信号及其描述

1.1　学习要求及学习方法

1）了解信号的类型及其产生。

2）掌握周期信号、非周期信号及随机信号在时域、频域和幅值域中的描述方法及其特点；建立明确的信号频谱的概念，熟悉典型信号频谱的特点。

3）理解傅里叶级数展开和傅里叶变换的基本原理及主要性质。熟练掌握周期信号和非周期信号的计算方法。

4）在学习方法上，可先复习工程数学中有关傅里叶级数、积分变换和随机过程的知识，着重理解频谱的概念，为以后深入理解信号分析处理打下基础，并逐步认识信号及其在各种不同“域”中变换的目的和方法。通过做习题，加深对频谱的理解和提高计算能力。

1.2　学习要点与难点分析

1.2.1　信号的类型及其产生

信号的类型可以表示如下：

1. 按运动规律划分

- 信号
  - 确定性信号
    - 周期信号
      - 简单周期信号
      - 复杂周期信号
    - 非周期信号
      - 准周期信号
      - 瞬变信号
  - 非确定性信号
    - 平稳的随机信号
    - 非平稳的随机信号

（1）确定性信号　能用明确的数学关系式描述，可以准确预计未来任意时刻信号的值。

1）周期信号。按一定时间间隔周而复始重复出现，且无始无终的信号。包括：

① 简单周期信号。如动不平衡转子产生的振动信号，往往是周期信号。如

$$x(t)=x_0\sin\left(\sqrt{\frac{k}{m}}t+\varphi_0\right)$$

② 复杂周期信号。由多个乃至无穷多个频率成分叠加而成，叠加后存在公共周期的信号，如

$$x_3(t)=10\sin\left(2\pi 3t+\frac{\pi}{6}\right)+5\sin\left(2\pi 2t+\frac{\pi}{3}\right)$$

2）非周期信号。能用数学公式描述，但不会重复出现的信号。包括：

① 准周期信号。由频率比为无理数的两个或多个正弦信号叠加（至少有一对频率比是无理数），如

$$x(t)=A_1\sin(\sqrt{2}t+\theta_1)+A_2\sin(3t+\theta_2)$$

其中，周期是“无限长”的，故称为“准周期”信号。这种信号常见于通信、振动系统。在机械工程上，常用于进行机械转子振动分析、齿轮噪声分析等。

② 瞬变（态）信号。在有限时间段存在，随着时间的增加而幅值衰减至零的信号，如有阻尼衰减自由振动信号是非周期的瞬变信号（见图1-1）

$$x(t)=x_0e^{-at}\sin(\omega_0t+\varphi_0)$$

在机械工程上常见的还有锤子的敲击力信号，起重机钢丝绳断裂时应力的变化信号，热处理加热炉中温度的变化过程信号等，这些信号都属于瞬变信号。

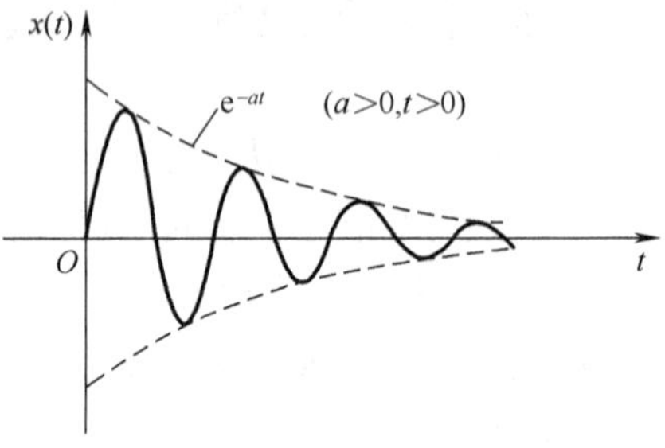

图1-1 衰减振荡信号

（2）非确定性信号 无法用明确的数学关系式表达，无法预计未来瞬间的精确值，这种信号也叫做随机信号，如仪器的零点漂移、环境噪声、飞机在大气流中浮动等。随机信号有两类，即

随机信号
- 平稳随机信号：统计特征参数不随时间 t 变化的随机信号
- 非平稳随机信号：统计特征参数随时间 t 变化的随机信号

2. 按信号的时间连续和幅值连续性划分

信号
- 连续信号
  - 模拟信号（信号的幅值与独立变量均连续）
  - 一般连续信号（独立变量连续）
- 离散信号
  - 一般离散信号（独立变量离散）
  - 数字信号（信号的幅值和独立变量均离散）

1）模拟信号是时间和幅值都连续变化的信号，如温度、压力及位移等的变化。

2）数字信号是时间和幅值都离散变化的信号，如计算机输入输出的信号。

似乎还没有任何自然现象，其某些可检测的特性会随压力、温度或时间的变化而作不连续的间断变化，所以直接获得的数字信号极少，多数是通过模－数转换得到的。

3. 按信号的能量划分

信号
- 能量信号：能量是有限的信号，即 $\int_{-\infty}^{\infty}x^2(t)\mathrm{d}t<\infty$
- 功率信号：能量是无限但其平均功率是有限的信号，即 $\frac{1}{t_2-t_1}\int_{t_1}^{t_2}x^2(t)\mathrm{d}t<\infty$

应该强调指出，现实当中的物理过程往往是很复杂的，既没有理想的确定，也没有理想的非确定，而是相互掺杂的。因此，实际上获得的测试信号不是一种单一的信号，可能是多种信号的叠加，如周期信号叠加有随机信号，不同频率的周期信号相叠加等。这种复杂信号有时并不能明确地显示出与要解决的测试问题之间的关系，因此要对这些复杂信号进行处理，即在不同“域”中对信号进行分析。

1.2.2 信号的描述方法

对于复杂的信号，通常需要在两个领域中进行描述。

(1) 信号的时域描述　以时间 t 为独立变量来描述信号的方法。可用波形直观反映它的形态，它仅反映信号幅值随时间变化的关系规律（变化快慢），不能解释信号频率组成关系。

(2) 信号的频域描述　以频率 ω 或 f 为独立变量来描述信号的方法。可用频谱图来直观反映信号的频率组成和幅值与相角大小的关系。

注意：信号在不同域中的描述，只是为了解决不同问题的需要，也可以说是从不同角度来看待同一信号，使解决具体问题所需的特征信号更为突出。信号在不同域中的描述并不增加新的信息，其总信息量不变。

1.2.3 信号的频谱分析

将信号的时域描述通过数学处理变换为频域分析的方法称为频谱分析。根据信号的性质及变换方法的不同，可以表示为幅值谱、相位谱、功率谱、幅值谱密度、能量密度、功率谱密度等。

1. 周期信号频谱分析

周期信号可以看做均值与一系列谐波之和——谐波分析法。周期信号的频谱分析，需要进行信号的时－频变换，进行变换的数学工具是傅里叶级数展开。要注意的是周期信号的频谱是离散的。

周期信号频谱分析方法有两种：一种是将周期信号的时域表达式进行傅里叶级数的三角函数展开；另一种是将周期信号的时域表达式进行傅里叶复指函数展开。

(1) 周期信号傅里叶级数三角函数展开的步骤

1) 按所测波形写出信号时域表达式。

2) 根据公式计算傅里叶系数 a_0、a_n、b_n。

3) 将傅里叶系数代入傅里叶级数的三角函数展开式，并进行化简整理成各个分量叠加的形式，如果表达式简单，可直接由此展开式，做出频谱图；否则，在进行了步骤 2) 后，进行步骤 4)。

4) 根据求和型傅里叶三角函数的展开式

$$x(t) = a_0 + \sum_{n=1}^{\infty} A_n \sin(n\omega_0 t + \varphi_n)$$

计算幅频关系和相频关系

$$A_n = \sqrt{a_n^2 + b_n^2} \qquad \varphi_n = \arctan\frac{a_n}{b_n}$$

5) 画出频谱图（幅频图和相频图）。

6) 分析说明。

(2) 周期信号傅里叶级数的复指函数展开步骤

1）分析波形，写出时域表达式 $x(t)$。

2）根据教材中式（1-16）计算变系数 c_n。

3）根据 c_n 的表达式整理出教材中式（1-17）的复数式形式。

4）利用教材中式（1-18）和式（1-19）求出模和辐角的关系式。

5）画出信号绝对幅值谱和相位谱，即 $|c_n|-\omega$、$\varphi_n-\omega$ 或实频谱 $c_{nR}-\omega$、虚频谱 $c_{nI}-\omega$。

6）分析说明。

2. 非周期瞬变信号频谱分析

1）进行变换的数学工具是傅里叶变换。

正变换

$$X(\omega)=\int_{-\infty}^{\infty}x(t)\mathrm{e}^{-\mathrm{j}\omega t}\mathrm{d}t \text{ 或 } X(f)=\int_{-\infty}^{\infty}x(t)\mathrm{e}^{-\mathrm{j}2\pi ft}\mathrm{d}t$$

逆变换

$$x(t)=\frac{1}{2\pi}\int_{-\infty}^{\infty}X(\omega)\mathrm{e}^{\mathrm{j}\omega t}\mathrm{d}\omega \text{ 或 } x(t)=\int_{-\infty}^{\infty}X(f)\mathrm{e}^{\mathrm{j}2\pi ft}\mathrm{d}f$$

2）瞬变信号的频谱是连续的，即频谱密度。

幅值谱密度

$$|X(\omega)|=\sqrt{R_{\mathrm{e}}^{2}[X(\omega)]+I_{\mathrm{m}}^{2}[X(\omega)]}$$

相位谱密度

$$\varphi(\omega)=\arctan\frac{I_{\mathrm{m}}[X(\omega)]}{R_{\mathrm{e}}[X(\omega)]}$$

3）工程上常见信号的频谱：矩形窗函数，δ 函数和正、余弦函数，以及周期单位脉冲序列频谱应该熟悉，以后学习中经常要用到这些概念。

4）瞬变信号频谱分析步骤如下：

① 由波形写出时域表达式 $x(t)$。

② 进行傅里叶变换，求其频域表达式 $X(\omega)$ 或 $X(f)$。

③ 将表达式 $X(\omega)$ 或 $X(f)$ 分解成复函数的形式。分别写出幅值谱密度表达式 $|X(\omega)|$ 或 $|X(f)|$ 和相位谱密度的表达式 $\varphi(\omega)$ 或 $\varphi(f)$。

④ 画出信号的频谱图。$|X(\omega)|-\omega$，$\varphi(\omega)-\omega$，或 $|X(f)|-f$，$\varphi(f)-f$。

⑤ 分析说明。

1.2.4 随机信号及其统计特征参数

随机信号可以在时域描述，如时间区域上的样本记录、相关函数，也可在频域描述，如功率谱密度函数（在以后信号分析章节中详述），但更具特点的是用统计特征参数描述，如均值、方差、方均值及概率密度函数等。概率密度函数提供了随机信号沿幅值域分布的信息，是随机信号的主要特征参数之一。

1.2.5 傅里叶变换的主要特性

基本上按照教材中表 1-3 所列特性加以理解，建立一些基本概念，知道有哪些特性可利用，不一定死记全部公式，有些最常用的能记住最好，如线性叠加、时移、频移及时域卷积特性等。要注意“卷积”计算，如 $x(t)*y(t)$ 不是 $x(t)$ 和 $y(t)$ 的简单代数相乘，具体计算方法将在信号分析章节中学习，也可以自己先参考信号分析有关书籍，暂时不明白并不影响前几章的学习。

1.2.6　难点分析

信号时域分析与频域表达的概念、方法及其相互关系。

（1）频谱的概念　频谱的概念对于初学者来说是个难点，可以通过光谱的概念类比来理解。用分光镜可以把太阳光（白光）分解为红橙黄绿青蓝紫 7 种不同颜色的光，这些光有不同的频率，把它们按频率由高到低排列好，就是“光谱”。可以把检测到的复杂信号以时间为自变量加以描述，即信号的时域描述，时域信号能提供许多重要信息，如信号的强弱大小、变换的快慢、波形及不同信号波形的相似程度，相互间的相位关系等。因此许多电子测试仪器都以时域信号检测为基础，是经常要碰到的测试信号，必须对时域信号的描述及测试方法有足够的重视和熟悉。然而时域信号并不能明显表示出信号的频率构成，为此可将构成此信号的所有频串成分找出来，加以排列，即信号的“频谱”，因为每个频率成分都有幅值大小和相位关系，故而以频率为横坐标，以幅值和相位分别为纵坐标表示频谱，前者称幅值谱，后者称相位谱，这都是在频域中对信号的描述。

（2）频谱密度的概念　非周期信号也可以分解成许多不同频率成分的正、余弦分量，与周期信号不同的是，由于非周期信号的周期 $T\to\infty$，基频 $\omega_0\to d\omega$，所以它包含了从 0 到无限大的所有频率分量，各频率分量的幅值为 $X(\omega)d\omega/2\pi$，这是无穷小量，故非周期信号的频谱是连续的，所以它的频谱不能用幅值表示，而必须用密度函数描述，即频谱密度。其中包括幅值谱密度函数 $|X(\omega)|$ 和相位谱密度函数 $\varphi(\omega)$。

1.3　典型题解析

【例 1-1】　求周期性非对称方波的傅里叶级数并画出频谱图，波形如图 1-2 所示。

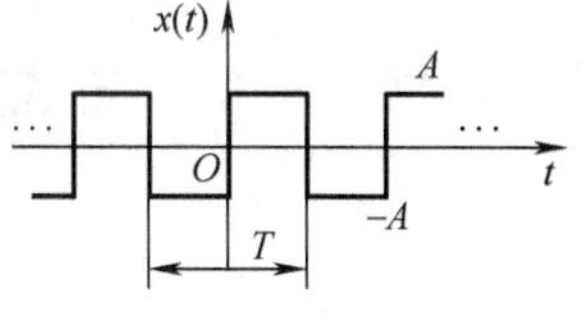

图 1-2　例 1-1 波形

分析：求周期信号的频谱有两种解法，一是用傅里叶级数的三角函数展开式，二是用傅里叶级数的复指数函数展开式。此题没有明确要求，故两种方法可任选一种。

解法一：展开成傅里叶级数的三角函数形式

（1）由波形写出表达式

信号的基频

$$\omega_0=\frac{2\pi}{T}$$

时域表达式

$$\begin{cases} x(t)=x(t+nT_0) \\ x(t)=\begin{cases} A & 0<t<\dfrac{T}{2} \\ -A & -\dfrac{T}{2}<t<0 \end{cases} \end{cases}$$

（2）计算傅里叶系数

$$\text{奇函数：}a_0 = a_n = 0$$

$$b_n = \frac{2}{T}\int_{-\frac{T}{2}}^{\frac{T}{2}} \underline{x(t)\sin n\omega_0 t\mathrm{d}t} \quad \boxed{t\text{ 的偶函数}}$$

$$= \frac{4}{T}\int_0^{\frac{T}{2}} A\sin n\omega_0 t\mathrm{d}t = \frac{2A}{n\pi}[1-\cos n\pi]$$

$$= \begin{cases} \dfrac{4A}{n\pi} & n\text{ 为奇数} \\ 0 & n\text{ 为偶数} \end{cases}$$

（3）方波信号的三角函数展开式

$$x(t) = a_0 + \sum_{n=1}^{\infty}(a_n\cos n\omega_0 t + b_n\sin n\omega_0 t) = \frac{4A}{\pi}\sum\frac{1}{n}\sin n\omega_0 t$$

$$= \frac{4A}{\pi}\left(\sin\omega_0 t + \frac{1}{3}\sin 3\omega_0 t + \frac{1}{5}\sin 5\omega_0 t + \cdots\right) \ (n=1,\ 2,\ 3,\ \cdots)$$

（4）计算幅频关系值和相频关系

n 次谐波的幅值和相角为

$$A_n = \sqrt{a_n^2 + b_n^2} = |b_n| = \frac{4A}{n\pi},\ \varphi_n = -\frac{\pi}{2}$$

$$(n=1,\ 3,\ 5,\ \cdots)$$

（5）频谱图

单边频谱如图 1-3 所示。

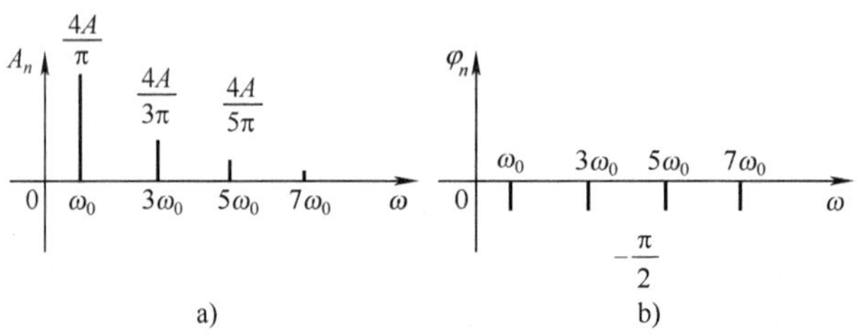

图 1-3 例 1-1 图

a）幅值谱 b）相位谱

（6）分析结果

频谱是离散的，幅频谱只包含基波和奇次谐波的频率分量，且分布在基频奇数倍上，谐波的幅值以$\frac{1}{n}$的规律收敛。相频图是分布在基波奇数倍上的一系列等高谱线。

解法二：展开成傅里叶级数的复指数函数的形式

（1）由波形写出表达式

与解法一相同。

（2）计算变系数 C_n

$$C_n = \frac{1}{T_0}\int_{-\frac{\pi}{2}}^{\frac{\pi}{2}} x(t)\mathrm{e}^{-\mathrm{j}n\omega_0 t}\mathrm{d}t = \frac{1}{T_0}\int_{-\frac{\pi}{2}}^{0} -A\mathrm{e}^{-\mathrm{j}n\omega_0 t}\mathrm{d}t + \frac{1}{T_0}\int_{0}^{\frac{\pi}{2}} A\mathrm{e}^{-\mathrm{j}n\omega_0 t}\mathrm{d}t$$

$$= -\mathrm{j}\frac{A}{n\pi} + \mathrm{j}\frac{A}{n\pi}\cdot\frac{1}{2}(\mathrm{e}^{\mathrm{j}n\pi} + \mathrm{e}^{-\mathrm{j}n\pi}) \qquad \text{（代入欧拉公式计算得）}$$

$$= -\mathrm{j}\frac{A}{n\pi}(1-\cos n\pi) = \begin{cases} -\mathrm{j}\dfrac{2A}{n\pi} & n = \pm 1, \pm 3, \pm 5, \cdots \\ 0 & n = \pm 2, \pm 4, \pm 6, \cdots \end{cases}$$

（3）方波信号的复指数展开式

$$x(t) = \sum_{n=-\infty}^{\infty} C_n \mathrm{e}^{\mathrm{j}n\omega_0 t} = -\mathrm{j}\frac{2A}{\pi}\sum_{n=-\infty}^{\infty}\frac{1}{n}\mathrm{e}^{\mathrm{j}n\omega_0 t} \qquad (n = \pm 1,\ \pm 3,\ \pm 5,\ \cdots)$$

（4）计算 $|C_n|$ 和 φ_n

$$|C_n| = \sqrt{C_{n\mathrm{R}}^2 + C_{n\mathrm{I}}^2} = \left|\frac{2A}{n\pi}\right| \qquad (n = \pm 1,\ \pm 3,\ \pm 5,\ \cdots)$$

$$\varphi_n = \arctan\frac{C_{n\mathrm{I}}}{C_{n\mathrm{R}}} = \arctan\left(-\frac{\frac{2A}{n\pi}}{C_{n\mathrm{R}}\to 0}\right) = \pm\frac{\pi}{2} \qquad (n = \pm 1,\ \pm 3,\ \pm 5,\ \cdots)$$

（5）画频谱图

双边频谱如图 1-4 所示。

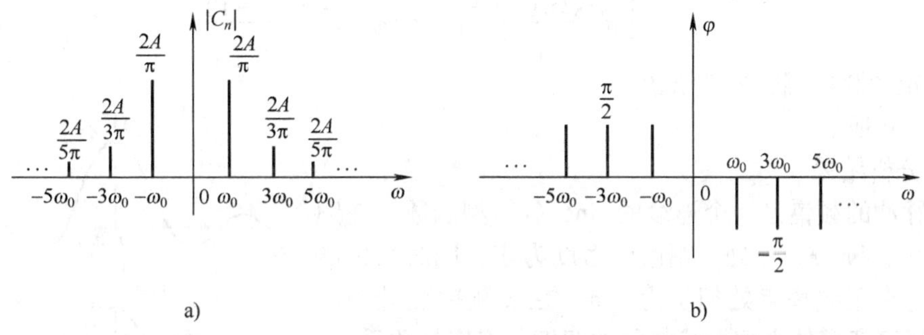

图 1-4 双边频谱图

a）绝对幅值谱 b）相位谱

（6）分析

周期方波信号复指函数的频谱是双边谱，幅值是三角函数频谱的二分之一。频谱是离散的，幅频谱只包含基波和奇次谐波的频率分量，且分布在基频奇数倍上，谐波的幅值以 $\frac{1}{n}$ 的规律收敛（n 为奇数）。双边相频谱是奇对称函数，是以 $\pm\frac{\pi}{2}$ 的高度分布在基波奇数倍上的一系列等高谱线。

解题要点：①记住傅里叶级数表达式。②复习分部积分法。③若 $x(t)$ 均值为 0，则 $a_0=0$；若 $x(t)$ 为奇函数，则 $a_n=0$；若 $x(t)$ 为偶函数，则 $b_n=0$。可简化计算，并用以检查计算结果。

【例 1-2】 求矩形脉冲信号的频谱。信号的波形如图 1-5 所示。

分析：矩形脉冲信号是一个瞬变信号，求解此题用傅里叶变换来计算。

解：(1) 由波形写出时域表达式

$$x(t)=\begin{cases}A & |t|<\dfrac{\tau}{2}\\[2mm] 0 & |t|>\dfrac{\tau}{2}\end{cases}$$

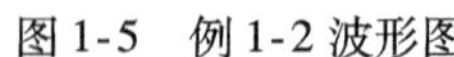

图 1-5　例 1-2 波形图

(2) 计算傅里叶积分变换

$$\begin{aligned}X(\omega)&=\int_{-\infty}^{\infty}x(t)\mathrm{e}^{-\mathrm{j}\omega t}\mathrm{d}t\\&=\int_{-\frac{\tau}{2}}^{\frac{\tau}{2}}A\mathrm{e}^{-\mathrm{j}\omega t}\mathrm{d}t=A\tau\mathrm{sinc}\left(\frac{\omega\tau}{2}\right)\end{aligned}$$

(3) 矩形脉冲的频谱

幅值谱密度为

$$|X(\omega)|=A\tau\left|\sin\mathrm{c}\left(\frac{\omega\tau}{2}\right)\right|$$

相位谱密度为

$$\varphi(\omega)=\begin{cases}0 & \dfrac{4n\pi}{\tau}<|\omega|<\dfrac{2\pi(2n+1)}{\tau}\\[2mm] \pi & \dfrac{2\pi(2n+1)}{\tau}<|\omega|<\dfrac{4\pi(n+1)}{\tau}\end{cases}$$

(4) 矩形脉冲函数的频谱图

如图 1-6 所示。

(5) 分析结果

矩形脉冲的频谱是一个连续的 sinc (t) 型函数，在频率 $\omega=2\pi/\tau$、$4\pi/\tau$、…处，幅值谱密度为零，同时相位谱出现转折，在正频率点处相位为 $-\pi$，在负频率点处相位为 π。幅值密度谱的主瓣形状与脉冲宽度 τ 有密切关系。τ 越小，主瓣跨度越宽，峰值越小。反之，τ 越大，主瓣跨度越窄，峰值越大。说明脉冲信号时域的持续时间与其频谱分散程度之间存在相反的关系，即信号在时间上越紧密，它在频谱上越分散；反之亦然。

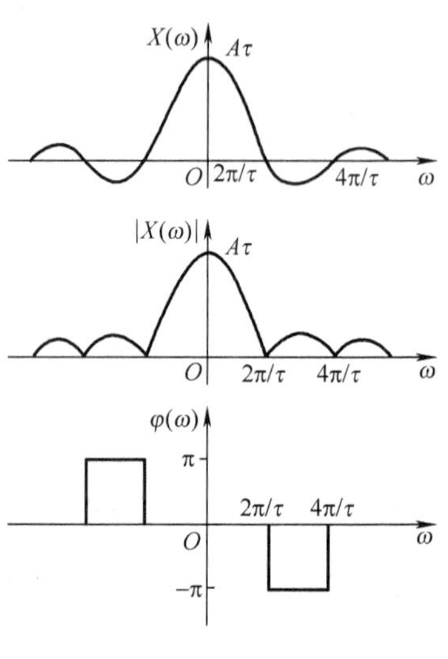

图 1-6　频谱图

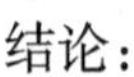

结论：

双边谱和单边谱关系如下：

1) 双边谱幅值是单边谱幅值的一半，直流分量保持不变。

2) 双边谱相角奇对称。

1.4　复习思考题

1. 什么是信号的频域描述?

2. 周期信号的时域定义及其判断方法。

3. 周期信号的单边频谱与双边频谱有何异同？为什么？

4. 非周期信号的幅值谱 $x(f)$ 和周期信号的幅值谱 $|c_n|$ 之间有何不同？

5. 什么是白噪声信号？其频谱有何特点？

6. 叙述脉冲函数的采样性质、卷积性质和频谱。

7. 傅里叶级数与傅里叶变换有什么差别和联系？

8. 傅里叶变换有哪些主要性质？指出其中某些性质的用途。

9. 随机信号有哪些主要的统计特征参数？如何理解各态历经（遍历性）随机信号可以用样本时间平均代替集合平均统计特征？

10. 试从接触到的实际测试工作中列举一些本章讲述的各类型信号。

1.5　习题解答

1-1　求周期方波（见教材图 1-4）的傅里叶级数（复指数函数形式），画出 $|c_n|-\omega$ 和 $\varphi_n-\omega$ 图，并与表 1-1 对比。

解：与［例 1-1］解法二相同。

$$x(t)=\sum_{n=-\infty}^{\infty}c_n e^{jn\omega_0 t}=-j\frac{2A}{\pi}\sum_{n=-\infty}^{\infty}\frac{1}{n}e^{jn\omega_0 t}\qquad(n=\pm1,\ \pm3,\ \pm5,\ \cdots)$$

（频谱图略）

1-2　求正弦信号 $x(t)=x_0\sin\omega t$ 的绝对均值 $|\mu_x|$ 和方均根值 x_{rms}。

解：直接利用周期信号绝对均值和方均根值的公式求积分，计算得

$$|\mu_x|=\frac{2x_0}{\pi}\qquad x_{rms}=\frac{x_0}{\sqrt{2}}$$

1-3　求指数函数 $x(t)=Ae^{-at}$（$a>0$，$t\geqslant0$）的频谱。

解：指数函数的频谱为

$$X(f)=\int_{-\infty}^{\infty}x(t)e^{-j2\pi ft}dt$$

$$=\int_{0}^{\infty}Ae^{-at}e^{-j2\pi ft}dt=\frac{A}{a+j2\pi f}=\frac{aA}{a^2+(2\pi f)^2}-j\frac{2\pi fA}{a^2+(2\pi f)^2}$$

连续幅值谱为

$$|X(f)|=\sqrt{X(f)_R^2+X(f)_I^2}=\sqrt{\left[\frac{aA}{a^2+(2\pi f)^2}\right]^2-\left[\frac{2\pi fA}{a^2+(2\pi f)^2}\right]^2}$$

$$=\frac{A}{\sqrt{a^2+4\pi^2f^2}}\qquad(a>0,\ -\infty<f<\infty)$$

连续相位谱为

$$\varphi(f)=\arctan\frac{X(f)_I}{X(f)_R}=-\arctan\left(\frac{2\pi f}{a}\right)\qquad(a>0,\ -\infty<f<\infty)$$

频谱图如图 1-7 所示。

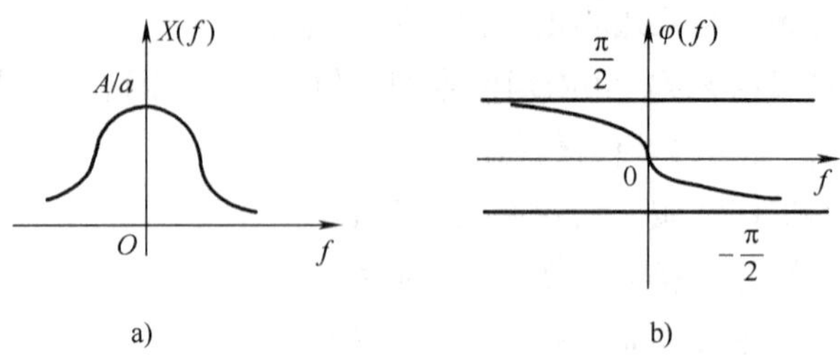

图 1-7　题 1-3 图

a）幅值谱　b）相位谱

1-4　求符号函数和单位阶跃函数的频谱。

解：（1）符号函数的频谱

分析：可以把符号函数 $x(t)=\mathrm{sgn}(t)$ 看成是指数函数的当 $a\to 0$ 时的极限情况，即

$$x(t)=\begin{cases}-\mathrm{e}^{at} & t<0\\ \mathrm{e}^{-at} & t>0\end{cases}$$

求其傅里叶变换，再令 $a\to 0$，即可得到符号函数的频谱。

符号函数的频谱为 $X(f)=\dfrac{1}{\mathrm{j}\pi f}$。

（2）单位阶跃函数的频谱

分析：将 $x(t)=u(t)$ 分解成常数 1 与符号函数的叠加，即

$$u(t)=\frac{1}{2}[1+\mathrm{sgn}(t)]$$

求其傅里叶变换得频谱　　$U(f)=\dfrac{1}{2}\left[\delta(f)-\mathrm{j}\dfrac{1}{\pi f}\right]$

1-5　求截断的余弦函数 $\cos\omega_0 t$（见图 1-8，教材图 1-26）的傅里叶变换。

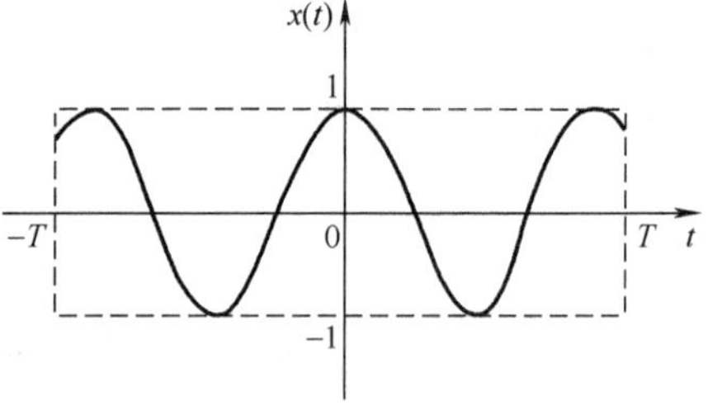

图 1-8　题 1-5 图

解：已知　$x(t)=\begin{cases}\cos\omega_0 t & |t|<T\\ 0 & |t|\geqslant T\end{cases}$

$$X(f)=\int_{-\infty}^{\infty}x(t)\mathrm{e}^{-\mathrm{j}2\pi ft}\mathrm{d}t=\int_{-T}^{T}\cos 2\pi f_0 t\,\mathrm{e}^{-\mathrm{j}2\pi f_0 t}\mathrm{d}t$$

根据欧拉公式化简得

$$X(f)=\int_{-T}^{T}\cos 2\pi f_0 t(\cos 2\pi ft-\mathrm{j}\sin 2\pi ft)\mathrm{d}t$$

$$=\int_{-T}^{T}(\cos 2\pi f_0 t\cos 2\pi ft-\mathrm{j}\sin 2\pi ft\cos 2\pi f_0 t)\mathrm{d}t$$

根据三角函数的积化和差公式并化简后得

$$x(f)=\frac{\sin 2\pi(f+f_0)T}{2\pi(f+f_0)}+\frac{\sin 2\pi(f-f_0)T}{2\pi(f-f_0)}$$

式中，$\omega_0=2\pi f_0$，$\omega=2\pi f$。

1-6　求指数衰减振荡信号 $x(t)=e^{-at}\sin\omega_0 t$ 的频谱。

解：
$$X(\omega) = \frac{1}{2\pi}\int_0^{\infty} e^{-at}\sin\omega_0 t e^{-j\omega t}dt = \frac{1}{2\pi}\int_0^{\infty} e^{-(a+j\omega)t}\sin\omega_0 t dt$$

因为
$$\sin\omega_0 t = \frac{j}{2}(e^{-j\omega_0 t} - e^{j\omega_0 t})$$

所以
$$X(\omega) = \frac{j}{2\pi}\int_0^{\infty}[e^{-(a+j\omega+j\omega_0)t} - e^{-(a+j\omega-j\omega_0)t}]dt$$
$$= \frac{j}{2\pi}\left[\frac{1}{(a+j\omega)+j\omega_0} - \frac{1}{(a+j\omega)-j\omega_0}\right] = \frac{\omega_0}{2\pi(a+j\omega)^2+\omega_0^2}$$

式中，$\omega_0=2\pi f_0$，$\omega=2\pi f$，代入上式得
$$X(f) = \frac{2\pi f_0}{(a+j2\pi f)^2+(2\pi f_0)^2}$$

1-7　设有一时间函数 $f(t)$ 及其频谱如图 1-9（教材图 1-27）所示。现乘以余弦型振荡 $\cos\omega_0 t$（$\omega_0>\omega_m$）。在这个关系中，函数 $f(t)$ 叫做调制信号，余弦型振荡 $\cos\omega_0 t$ 叫做载波。试求调幅信号 $f(t)\cos\omega_0 t$ 的傅里叶变换，示意画出调幅信号及其频谱。又问：若 $\omega_0<\omega_m$ 时将会出现什么情况？

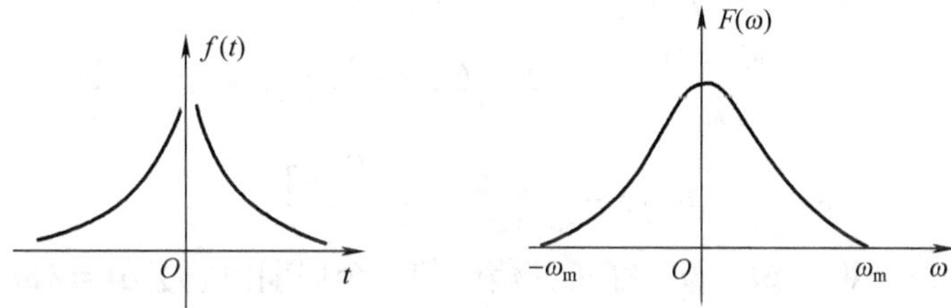

图 1-9　题 1-7 图

解：由波形图可知，调制信号为一指数窗函数。其频谱 $F(\omega)$ 为一种 sinc 型函数。

调幅信号的傅里叶变换为
$$X(\omega) = \frac{1}{2\pi} = \int_{-\infty}^{\infty} x(t)e^{-j\omega t}dt = \frac{1}{2\pi}\int_{-\infty}^{\infty} f(t)\cos\omega_0 t e^{-j\omega t}dt$$

因为
$$\cos(\omega_0 t) = \frac{1}{2}(e^{j\omega_0 t}+e^{-j\omega_0 t})$$

所以
$$x(t) = \frac{1}{2}f(t)e^{j\omega_0 t} + \frac{1}{2}f(t)e^{-j\omega_0 t}$$

根据频移特性和叠加性得
$$X(\omega) = \frac{1}{2}F(\omega-\omega_0) + \frac{1}{2}F(\omega+\omega_0)$$

画出调幅信号的频谱图，如图 1-10 所示。

可见调幅信号的频谱等于将调制信号的频谱一分为二，各向左右移动载频 ω_0，同时谱线高度减小一半。

若$\omega_0<\omega_m$，在频域中调幅信号频谱的两个图形将出现混叠现象，如图 1-11 所示。这样将造成频域误差，在后续的信号处理中将无法准确地恢复出原来的时域信号。

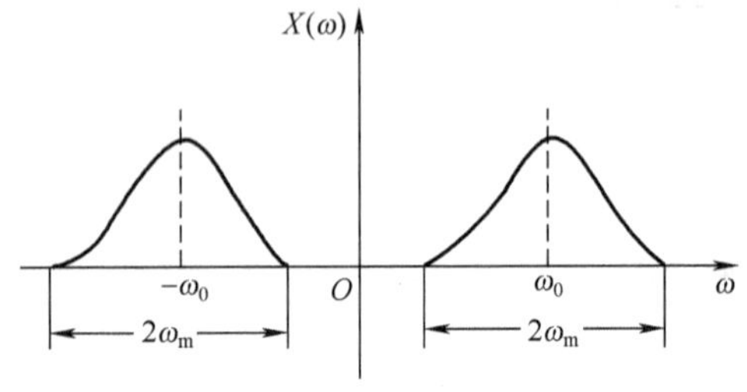

图 1-10　题 1-7 频谱图

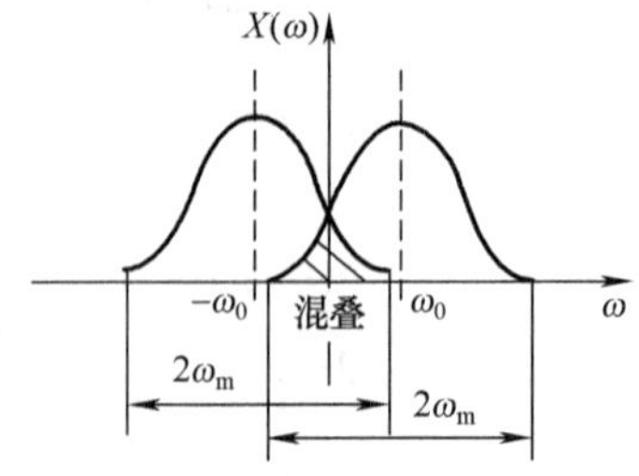

图 1-11　$\omega_0<\omega_m$ 时

1-8　求正弦信号 $x(t)=x_0\sin(\omega t+\varphi)$ 的均值 μ_x、方均值 ψ_x^2 和概率密度函数 $p(x)$。

解：

均值　$$\mu_x=\lim_{T\to 0}\frac{1}{T}\int_0^T x(t)\mathrm{d}t=\frac{1}{T}\int_0^T x_0\sin(\omega t+\varphi)\mathrm{d}t=-\frac{x_0}{\omega T}[\cos(\omega t+\varphi)\Big|_0^T$$

$$=-\frac{x_0}{2\pi}[\cos(2\pi+\varphi)-\cos\varphi]=0$$

均方值　$$\psi_x^2=\lim_{T\to 0}\frac{1}{T}\int_0^T x^2(t)\mathrm{d}t=\frac{1}{T}\int_0^T x_0^2\sin^2(\omega t+\varphi)\mathrm{d}t$$

$$=\frac{x_0^2}{\omega T}\int_\varphi^{\omega T+\varphi}\frac{1-\cos2(\omega t+\varphi)}{2}\mathrm{d}(\omega t+\varphi)=\frac{x_0^2}{2}$$

概率密度函数　$$p(x)=\lim_{\Delta x\to 0}\frac{1}{\Delta x}\left[\lim_{T\to\infty}\frac{\sum\Delta t}{T}\right]$$

当$\Delta x\to 0$时，$\Delta x=\mathrm{d}x$，$\Delta t=\mathrm{d}t$。在正弦信号的一个周期内，$\sum\Delta t=2\Delta t=2\mathrm{d}t$。

$$p(x)=\frac{1}{\mathrm{d}x}\frac{2\mathrm{d}t}{T}$$

故　$$p(x)=\frac{2}{\omega T\sqrt{x_0^2-x^2}}=\frac{2}{2\pi\sqrt{x_0^2-x^2}}=\frac{1}{\pi\sqrt{x_0^2-x^2}}$$

式中，$\omega=\frac{2\pi}{T}$；$\omega T=2\pi$。

正弦信号及其概率密度图形如图 1-12 所示。

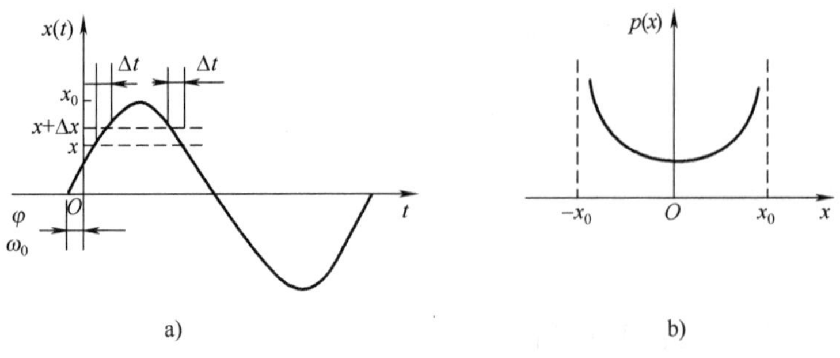

图 1-12　正弦信号及其概率密度图形

第 2 章　测试装置的基本特性

2.1　学习要求及学习方法

1）了解线性系统的概念及主要特性。

2）掌握测试装置的静态特性及其指标：灵敏度、非线性度及回程误差的定义和计算方法。

3）理解测试装置的动态特性及其表示：微分方程、传递函数及频率响应函数的基本概念、计算方法。

4）理解并掌握不失真测试条件的概念及其应用。

5）了解测试装置动态特性的实验测试方法。

6）学习方法上，学习本章前复习自控原理及拉普拉斯变换方法，并比较它与傅里叶变换的差异及联系。分析测试装置传递函数和频率响应函数之间的差异和联系。

本章重点也是全书重点的问题是要理解不失真测试条件，并根据不失真测试条件求得测试装置理想的动态特性，在实现实际测试装置动态特性时尽可能逼近理想的动态特性，或者估计由于偏离理想特性可能造成的动态误差。

2.2　学习要点与难点分析

2.2.1　测试装置的基本要求

测试装置的基本特性主要讨论测试装置及其输入与输出的关系。理想的测试装置应该具有单值的、确定的输入与输出关系。即对应于某一输入量，都只有单一的输出量与之对应，知道其中的一个量就可以确定另一个量。

2.2.2　线性时不变系统及其主要特性

测试装置以及被测试系统的结构参数（如装置的质量、弹性刚度、阻尼系数、电感、电容、电阻、比热容、热阻等）不随时间而变化，称为时不变系统。若装置或系统的输入输出呈线性关系，则称为线性时不变系统。

线性系统的输入 $x(t)$ 与输出 $y(t)$ 之间的关系可用下面的常系数线性微分方程来描述，即

$$a_n \frac{\mathrm{d}^n y(t)}{\mathrm{d}t^n} + a_{n-1} \frac{\mathrm{d}^{n-1} y(t)}{\mathrm{d}t^{n-1}} + \cdots + a_1 \frac{\mathrm{d}y(t)}{\mathrm{d}t} + a_0 y(t)$$

$$= b_m \frac{d^m x(t)}{dt^m} + b_{m-1} \frac{d^{m-1} x(t)}{dt^{m-1}} + \cdots + b_1 \frac{dx(t)}{dt} + b_0 x(t)$$

线性时不变系统的主要性质：

1）叠加原理特性。

若 $x_1(t) \to y_1(t)$，$x_2(t) \to y_2(t)$，则$[x_1(t) \pm x_2(t)] \to [y_1(t) \pm y_2(t)]$。

2）比例特性。

若 $x(t) \to y(t)$，则 $ax(t) \to ay(t)$。

3）系统对输入导数的响应等于对原输入响应的导数。即

$$\frac{dx(t)}{dt} \to \frac{dy(t)}{dt}$$

4）如系统的初始状态均为零，则系统对输入积分的响应等同于对原输入响应的积分。即

$$\int_0^{t_0} x(t)\,dt \to \int_0^{t_0} y(t)\,dt$$

5）频率保持性。若输入为简谐信号，则输出也一定是同频率简谐信号。即线性系统的输出与输入具有相同的频率成分。

线性系统最重要的特性就是满足叠加原理及频率保持性。这些特性在动态测试中具有重要作用，在学习中务必予以体会。

实际装置或系统总是在一定误差范围内近似看成线性时不变系统，而且装置的输入与输出呈线性关系尽管并非必须，但总还是力求做到这一点。显然输入与输出的非线性关系，往往造成仪表显示的非均匀刻度，如万用表的电阻挡，给判读带来误差，表盘的生产加工及仪器调整都较困难，生产率低，在动态测试中造成非线性失真等。由于微处理机的引入，非线性校正已不困难，但还是要增加成本和装置的复杂性，并不是任何场合都宜采用。

2.2.3 测试装置的静态特性指标

测试装置的静态特性是指被测信号为稳定或缓变时装置的输入与输出的关系。

在静态测量中，输入信号为静态时，输出信号应为

$$y = \frac{b_0}{a_0}x = Sx$$

对于理想的定常线性系统，输出 y 是输入 x 的单调的、线性比例函数，故式中的 a_0、b_0、S 均为常数。实际测试装置中，大多是非理想的线性定常系统，所以式中的 a_0、b_0、S 也非常数。

静态特性指标主要有线性度、灵敏度、回程误差、分辨力、漂移等。

测试装置静态特性指标均以定度曲线为依据，如图 2-1 所示。用实验方法求取定度曲线，然后计算各项静态特性指标。

(1) 线性度　是指测量装置输出与输入之间保持常值比例关系的程度。用线性误差来表示。即

$$线性误差 = \frac{B}{A} \times 100\%$$

式中，A 为装置标称输出范围；B 为校准曲线与拟合直线的最大偏差。拟合直线是根据实际特性曲线上的数据，用一定的数学计算方法得到的“理想直线”。

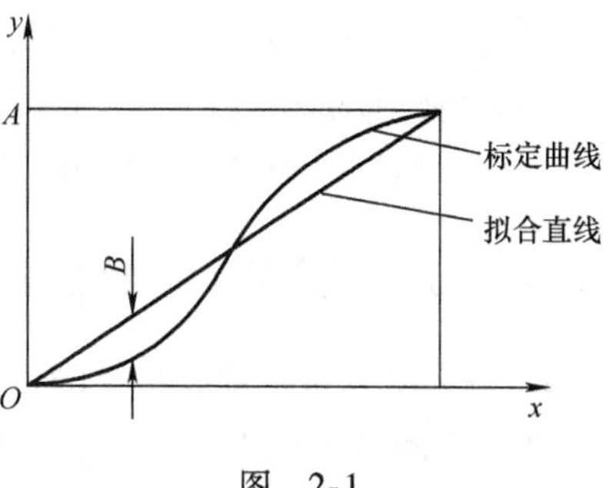

图　2-1

常用拟合直线的方法如下：

1）端基法。将曲线的上限值和下限值用直线连接，得到基准线的方法。

2）最小二乘法（也称独立直线）。确定拟合直线与校准曲线之间的偏差 B_i 的二次方和为最小值的直线为基准线的方法。

注意：线性误差中理论标准直线的选取各行业差异较大。采用的拟合直线不同，所得线性度误差也就不同。国家有关计量部门现推荐采用“最小二乘法”拟合标准直线，已逐步被接受，在某些传感器检定规程（国家标准）中已被采用。

（2）灵敏度 S　当装置的输入 x 有一个变化量 Δx，引起输出 y 发生相应的变化为 Δy，则定义灵敏度为

$$S = \frac{\Delta y}{\Delta x} = \frac{\mathrm{d}y}{\mathrm{d}x}$$

对理想的定常线性系统，灵敏度 $S = \frac{\Delta y}{\Delta x} = \frac{y}{x} = \frac{b_0}{a_0} =$ 常数。此时，输入与输出是线性关系，而灵敏度 S 是直线的斜率。

对于非线性系统，输入与输出是曲线关系，其灵敏度 $S = \frac{\mathrm{d}y}{\mathrm{d}x} \approx$ 拟合直线的斜率。

系统的总灵敏度是指当采用多个测试装置组成一个测试系统时，各环节灵敏度的连乘积。即

$$S = \prod_{i=1}^{n} S_i$$

式中，S_i 为各台仪器的灵敏度。

注意：灵敏度是有量纲的特性指标。

（3）回程误差　当输入量由小增大和由大减小时，对于同一输入量所得到的两个输出量却往往存在着差值，把在全测量范围内，最大的差值 $h_{\max}$ 称为回程误差，如图 2-2 所示。在实际应用中，用相对回程误差来表示。即

$$回程误差 = \frac{h_{\max}}{A} \times 100\%$$

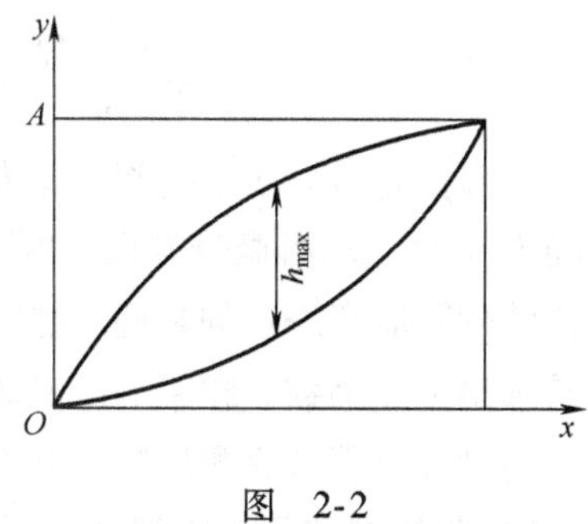

图　2-2

（4）分辨力　是指测试装置所能检测出来的输入量的最小变化量。

（5）漂移　是指测试装置在输入不变的条件下，输出随时间变化的趋势，分为零点漂

移（零漂）和灵敏度漂移（灵漂）。

静态特性指标还有精度（或精度等级）、重复性、灵敏限（阈）、动态线性范围等，究竟提出哪些指标作为设计和选用的依据要根据具体问题而定。

2.2.4 测试装置的动态特性表示

1. 研究测试装置动态特性的目的

在实际测试工作中，被测量总是处于变动之中，有的被测量随时间迅速变化，所关心的问题是测量装置的输出量是否迅速准确地复现被测量的变化。然而实际可实现的测量装置由于机械惯性、热惯性、电磁储能元件和电路充放电时间常数等原因，输出信号较之迅变的输入信号在波形上会有某些失真，在时间上有可能延迟。如水银体温计刚接触发烧病人的皮肤，温度计显示值与病人实际体温相差甚远，只有等数分钟后体温计显示才准确。说明水银体温计动态特性不好，其原因是因为它的感温元件热惯性太大。因此要研究动态输入、输出信号与测试装置动态特性三者之间的关系，目的是为了确定测试装置是否适合于该动态输入量的测试要求及可能产生的动态误差，或是相反，根据给定的动态误差设计测试装置的动态特性。本章还根据不失真测试条件，提出了理想的测试装置动态特性。

2. 测试装置动态特性的表示方法

表达测试装置动态特性实质上是将测试装置这个物理系统抽象成数学模型，仅表示输入信号、输出信号和装置动态特性三者之间的关系，而不管其输入输出量的物理特性（即不管是机械量、电量或热学量等）。测试技术中常根据实际问题的需要，分别在时域、复数域和频域中对测试装置的动态特性进行分析。由此建立的测试装置的数学模型有 4 个：微分方程（时域模型）、传递函数（复域模型）、频率响应函数（频域模型）、脉冲响应函数（时域模型）。

（1）微分方程　是对测试装置动态特性的时域描述。由于装置被视为线性时不变系统，故可用常系数线性微分方程式表达。

根据测试装置具体的物理结构，列写出装置的微分方程为

$$a_n \frac{\mathrm{d}^n y(t)}{\mathrm{d}t^n} + a_{n-1} \frac{\mathrm{d}^{n-1} y(t)}{\mathrm{d}t^{n-1}} + \cdots + a_1 \frac{\mathrm{d}y(t)}{\mathrm{d}t} + a_0 y(t)$$

$$= b_m \frac{\mathrm{d}^m x(t)}{\mathrm{d}t^m} + b_{m-1} \frac{\mathrm{d}^{m-1} x(t)}{\mathrm{d}t^{m-1}} + \cdots + b_1 \frac{\mathrm{d}x(t)}{\mathrm{d}t} + b_0 x(t) \tag{2-1}$$

式中，a_n，a_{n-1}，…，a_0和 b_m，b_{m-1}，…，b_0都是与装置结构有关的常数。给出初始条件及输入 $x(t)$，求解微分方程式即可得输出信号 $y(t)$。对于测试中常见的一阶和二阶微分方程式的列写应有一定的掌握和熟悉，因为微分方程是一种基本的数学模型，在它的基础上较容易求出传递函数、频率响应函数等动态特性。

用微分方程解决测试装置动态特性问题的基本方法如下：

1）将测试装置的物理系统简化为力学模型或等效电路等。

2）列出元件上输入与输出关系。

3）按物理学原理建立微分方程。

4）给出输入信号的表达式后，求解微分方程得到输出响应表达式。

（2）传递函数 $H(s)$　是对测试装置动态特性的复数域描述。在初始值为零的条件下，测试装置的输出量 $y(t)$ 的拉普拉斯变换 $Y(s)$ 和输入量 $x(t)$ 的拉普拉斯变换 $X(s)$ 之比。即

$$H(s)=\frac{Y(s)}{X(s)}=\frac{b_m s^m+b_{m-1}s^{m-1}+\cdots+b_1 s+b_0}{a_n s^n+a_{n-1}s^{n-1}+\cdots+a_1 s+a_0} \tag{2-2}$$

式中，$Y(s)=\int_0^\infty y(t)\mathrm{e}^{-st}\mathrm{d}t$；$X(s)=\int_0^\infty x(t)\mathrm{e}^{-st}\mathrm{d}t$，$s=a+\mathrm{j}\omega$ 为拉普拉斯算子；$n>m$。

1）传递函数 $H(s)$ 性质如下：

① $H(s)$ 与 $x(t)$ 及系统的初始状态无关，只表达了系统的传输特性。

② $H(s)$ 不拘泥于系统的物理结构。

③ $H(s)$ 描述系统传输、转换特性真实量纲的变换关系。

④ $H(s)$ 中的分母取决于系统的结构。

传递函数 $H(s)$ 的优点是用代数方程式而不用微分方程式表达装置动态特性，便于计算。其次 $H(s)$ 除可用理论计算求取外，还可用实验方法获得，这对于复杂的不便于写出微分方程式的装置或系统更有实际意义。

2）用传递函数解决问题的步骤如下：

① 将装置的输入 $x(t)$ 经拉普拉斯变换求得 $H(s)$。

② 若已得到了装置的传递函数 $H(s)$，即可求得输出信号的拉普拉斯变换 $Y(s)=H(s)X(s)$。

③ 将 $Y(s)$ 经拉普拉斯反变换就获得装置的输出响应 $y(t)=L^{-1}[Y(s)]$。

拉普拉斯变换都有表格可查，使动态特性的研究大为方便。

应该指出拉普拉斯算子 $s=a+\mathrm{j}\omega$ 是一个复数，故 $H(s)$ 是在复频域中表达装置动态特性。微分方程则是在时域中装置动态特性的表达。以上两种动态特性的表达形式对于各种输入信号形式都适用。

3）传递函数与灵敏度的关系。由于灵敏度是测试装置的静态指标，所以它等于 $s=0$ 时的传递函数。即灵敏度为

$$S=\frac{b_0}{a_0}=H(s)\big|_{s=0} \tag{2-3}$$

（3）频率响应函数 $H(\mathrm{j}\omega)$　是对测试装置动态特性的频域描述。对于线性时不变系统，如输入为正弦信号，则输出必然是与输入同频的正弦信号，但输出与输入信号的幅值比和相位差是输入频率的函数，用此幅值比和相位差也可以表示装置的动态特性，即频率响应函数 $H(\mathrm{j}\omega)$，可直接写成 $H(\omega)$，它是对测试装置动态特性的频域描述。

频率响应函数的计算方法有如下两个：

1）将 $s=\mathrm{j}\omega$ 代入装置的传递函数 $H(s)$，得到 $H(\mathrm{j}\omega)$，即

$$H(\mathrm{j}\omega)=\frac{b_m(\mathrm{j}\omega)^m+b_{m-1}(\mathrm{j}\omega)^{n-1}+\cdots+b_1(\mathrm{j}\omega)+b_0}{a_n(\mathrm{j}\omega)^n+a_{n-1}(\mathrm{j}\omega)^{n-1}+\cdots+a_1(\mathrm{j}\omega)+a_0} \tag{2-4}$$

2）当系统稳态时，频率响应函数 $H(\mathrm{j}\omega)$ 可定义为输出与输入信号的傅里叶变换之

比。即

$$H(\mathrm{j}\omega)=\frac{Y(\mathrm{j}\omega)}{X(\mathrm{j}\omega)} \tag{2-5}$$

式中，$Y(\mathrm{j}\omega)$ 是输出信号的傅里叶变换，$Y(\mathrm{j}\omega)=\int_{-\infty}^{\infty}y(t)\mathrm{e}^{-\mathrm{j}\omega t}\mathrm{d}t$；$X(\mathrm{j}\omega)$ 是输入信号的傅里叶变换，$X(\mathrm{j}\omega)=\int_{-\infty}^{\infty}x(t)\mathrm{e}^{-\mathrm{j}\omega t}\mathrm{d}t$。

$H(\mathrm{j}\omega)$ 也是一个复数，可用实部、虚部表示，也可用模和相角表示。即

$$H(\mathrm{j}\omega)=P(\omega)+\mathrm{j}Q(\omega)$$

或

$$H(\mathrm{j}\omega)=A(\omega)\mathrm{e}^{\mathrm{j}\varphi(\omega)}$$

式中，$P(\omega)$ 为实频特性，是频率特性 $H(\mathrm{j}\omega)$ 的实部，对于确定的频率 ω，它的值是向量 $H(\mathrm{j}\omega)$ 在复平面实轴上的投影。实频特性是频率 ω 的偶函数。

$Q(\omega)$ 为实虚频特性，是幅相频率特性 $H(\mathrm{j}\omega)$ 的虚部，对于确定的频率 ω，它的值是向量 $H(\mathrm{j}\omega)$ 在复平面虚轴上的投影。虚频特性是频率 ω 的奇函数。

$A(\omega)$ 为幅频特性，也称频率特性的模，它反映测试装置对不同频率信号的输入与输出之间的幅值关系，是测试装置对不同频率信号幅值的响应特性。即

$$A(\omega)=\sqrt{P^2(\omega)+Q^2(\omega)} \tag{2-6}$$

$\varphi(\omega)$ 为相频特性，也称频率特性的相角。它反映测试装置对不同频率信号的输入与输出之间的相位关系。即

$$\varphi(\omega)=\arctan\frac{Q(\omega)}{P(\omega)} \tag{2-7}$$

以 ω 为横坐标可以作出相应的特性曲线。其中，由 $A(\omega)-\omega$ 作出的特性曲线称为幅频谱，由 $\varphi(\omega)-\omega$ 作出的特性曲线称为相频谱。用对数标尺作出的幅频特性曲线 $[20\lg A(\omega)-\lg\omega]$ 和相频特性曲线 $[\varphi(\omega)-\lg\omega]$，称为伯德（Bode）图。幅、相频率特性应用非常广泛，在采用频率特性理论判别系统稳定性时会使用它。$P(\omega)-\omega$ 特性曲线称为实频谱，$Q(\omega)-\omega$ 特性曲线称为虚频谱，用极坐标系作出的频特性曲线 $[Q(\omega)-P(\omega)]$，称为奈奎斯特（Nyquist）图。

$H(\mathrm{j}\omega)$ 是处理正弦输入与输出信号及装置动态特性之间关系的有力工具。由于正弦型的信号易于产生和测量，并且对于其他复杂波形输入也可以分解为一系列正弦信号相叠加，故 $H(\mathrm{j}\omega)$ 也可适用。所以 $H(\mathrm{j}\omega)$ 在测试技术中应用极广泛。在学习中必须对 $H(\mathrm{j}\omega)$ 的概念和各种表达方式如实频特性、虚频特性、幅频特性、相频特性、Bode 图以及 Nyquist 图等的计算和测试方法有深入了解。

（4）脉冲响应函数 $h(t)$　也叫权函数，是测试装置动态特性的又一种时域描述。它是在初始条件为零的条件下，测试系统对单位脉冲信号的稳态响应。即

$$x(t)=\delta(t)$$

其拉普拉斯变换为　$X(s)=L[\delta(t)]=1$。

系统输出拉普拉斯变换为　$Y(s)=H(s)X(s)=H(s)$。

求输出信号的拉普拉斯反变换即可得到单位脉冲响应函数为

$$y(t)=L^{-1}[H(s)]=h(t) \tag{2-8}$$

在现实中，理想的单位脉冲函数是不存在的。在工程上一般把作用时间小于 $\tau/10$ 的冲激信号，近似看成是单位脉冲输入。

3. 串、并联环节组成系统的特性

（1）串联环节系统的特性　串联环节系统结构如图 2-3 所示。

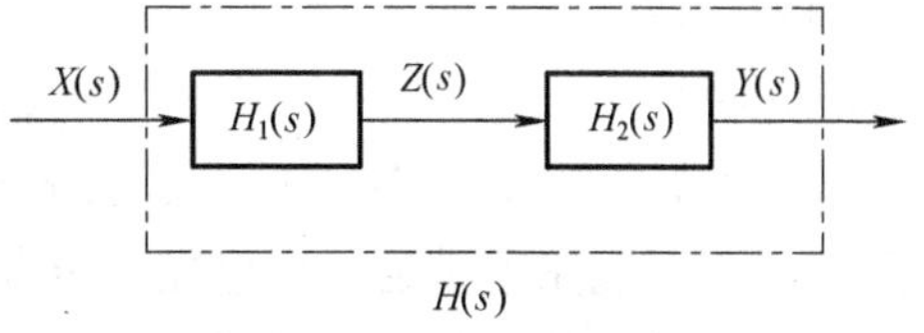

图 2-3　串联环节系统结构

串联传递函数为

$$H(s)=\prod_{i=1}^{n}H_i(s) \tag{2-9}$$

串联频率响应为

$$H(\omega)=\prod_{i=1}^{n}H_i(\omega) \tag{2-10}$$

串联幅频特性为

$$A(\omega)=\prod_{i=1}^{n}A_i(\omega) \tag{2-11}$$

串联相频特性为

$$\varphi(\omega)=\sum_{i=1}^{n}\varphi_i(\omega) \tag{2-12}$$

式中，n 为系统中串联环节的个数。

（2）并联环节系统的特性　并联环节系统结构如图 2-4 所示。

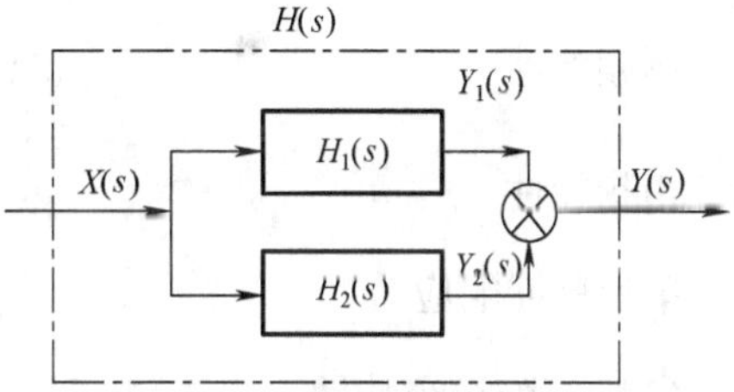

图 2-4　并联环节系统结构

并联传递函数为

$$H(s)=\sum_{i=1}^{n}H_i(s) \tag{2-13}$$

并联频率响应为

$$H(\omega)=\sum_{i=1}^{n}H_i(\omega) \tag{2-14}$$

式中，n 为系统中并联环节的个数。

2.2.5　不失真测试条件

信息的传递和物质及能量的传输其重要差异在于，前者要求传输中不失真，而后者则着重提高效率。问题是测试装置具有什么样的频率特性（或传递函数）才能保证信号传输中不失真。不失真就是输出 $y(t)$ 和输入 $x(t)$ 满足下式：

$$y(t)=A_0x(t-t_0) \tag{2-15}$$

式中，A_0 和 t_0 均为常数。说明 $y(t)$ 的波形与 $x(t)$ 一样，只是幅度放大了 A_0 倍，而时间延迟 t_0。求取满足式（2-15）测试装置的频率特性，需将式（2-15）两边求傅里叶变换并利用其时延特性，可得

$$Y(\mathrm{j}\omega) = A_0 \mathrm{e}^{-\mathrm{j}\omega t_0} X(\mathrm{j}\omega) \tag{2-16}$$

或
$$H(\mathrm{j}\omega) = \frac{Y(\mathrm{j}\omega)}{X(\mathrm{j}\omega)} = A_0 \mathrm{e}^{-\mathrm{j}\omega t_0} \tag{2-17}$$

幅频特性
$$A(\omega) = A_0 \tag{2-18}$$

相频特性
$$\varphi(\omega) = -\omega t_0 \tag{2-19}$$

式（2-18）和式（2-19）就是测试装置的不失真测试条件。这种不失真条件是理想的，实际装置不可能完全满足，只能在一定误差范围内逼近。这个条件无论是对传感器、电路还是整个测试系统都适用。如果要求测试装置传输信号时既不失真又不延迟，其频率特性应是 $A(\omega) = A_0 =$ 常数，$\varphi(\omega) = 0$。

2.2.6 一、二阶系统的动态特性

1. 一阶系统的动态特性分析

输入、输出关系用一阶微分方程来描述的系统，称为一阶系统。

（1）描述方法

微分方程
$$\tau \frac{\mathrm{d}y(t)}{\mathrm{d}t} + y(t) = x(t)$$

传递函数
$$H(s) = \frac{1}{\tau s + 1} \tag{2-20}$$

频率响应函数
$$H(\omega) = \frac{1}{\mathrm{j}\tau\omega + 1} \tag{2-21}$$

幅频特性
$$A(\omega) = \frac{1}{\sqrt{1 + (\tau\omega)^2}} \tag{2-22}$$

相频特性
$$\varphi(\omega) = -\arctan(\tau\omega) \tag{2-23}$$

单位脉冲响应
$$h(t) = \frac{1}{\tau} \mathrm{e}^{-\frac{t}{\tau}} \tag{2-24}$$

（2）一阶系统特性

1）当 $\omega = 0$ 时，为静态特性，则 $A(0) = A_0 = 1$，$\varphi(\omega) = 0$。

2）转折频率 $\omega = \frac{1}{\tau}$，$A(\omega) = 0.707$，$\varphi(\omega) = -45°$，可用实验法求 τ。

3）当 $\omega << \frac{1}{\tau}$ 时，$A(\omega) \approx 1$，$\varphi(\omega) \approx 0$，故适合测量缓变或低频的被测量。

4）当 $\omega >> \frac{1}{\tau}$ 时，$A(\omega) \to 0$，$\varphi(\omega) \to -90°$，此时系统相当于一个积分器。

5）一系统的伯德图可用一条折线来近似描述，在转折频率 $\frac{1}{\tau}$ 处为最大偏差（-3dB）。

2. 二阶系统特性分析

输入、输出关系用二阶微分方程来描述的系统，称为二阶系统。

（1）描述方法

微分方程
$$\frac{\mathrm{d}^2 y(t)}{\mathrm{d}t^2} + 2\zeta\omega_{\mathrm{n}} \frac{\mathrm{d}y(t)}{\mathrm{d}t} + \omega_{\mathrm{n}}^2 y(t) = S\omega_{\mathrm{n}}^2 x(t)$$

可归一化处理，即令 $S=1$。

传递函数
$$H(s)=\frac{\omega_n^2}{s^2+2\zeta\omega_n s+\omega_n^2} \tag{2-25}$$

频率响应函数
$$H(j\omega)=\frac{\omega_n^2}{(j\omega)^2+2\zeta\omega_n(j\omega)+\omega_n^2}=\frac{1}{\left[1-\left(\frac{\omega}{\omega_n}\right)^2\right]+j2\zeta\frac{\omega}{\omega_n}} \tag{2-26}$$

幅频特性
$$A(\omega)=\frac{1}{\sqrt{\left[1-\left(\frac{\omega}{\omega_n}\right)^2\right]^2+4\zeta^2\left(\frac{\omega}{\omega_n}\right)^2}} \tag{2-27}$$

相频特性
$$\varphi(\omega)=-\arctan\frac{2\zeta\frac{\omega}{\omega_n}}{1-\left(\frac{\omega}{\omega_n}\right)^2} \tag{2-28}$$

单位脉冲响应
$$h(t)=\frac{\omega_n}{\sqrt{1-\zeta^2}}e^{-\zeta\omega_n t}\times\sin\sqrt{1-\zeta^2}\omega_n t\quad(0<\zeta<1) \tag{2-29}$$

（2）二阶系统的特性

1）$\omega<<\omega_n$，$H(\omega)\approx1$，$\varphi(\omega)\approx0$，所以系统不失真。

2）$\omega>>\omega_n$，$H(\omega)\to0$，$\varphi(\omega)\approx180°$，所以系统失真。

3）$\omega=\omega_n$，系统共振，$A(\omega)=\frac{1}{2\zeta}$，$\varphi(\omega)=-90°$，可用实验法测得系统的 ω_n，ζ。

4）二阶系统是一个振荡环节。从测试的工作角度来看，总是希望测试装置在宽广的频率范围内由于频率特性不理想所引起的误差尽可能小，为此要选择恰当的固有频率和阻尼比的组合，以便获得较小的误差和较宽的工作频率范围。一般取 $\omega\leqslant(0.6\sim0.8)\omega_n$，$\zeta=(0.65\sim0.7)$。

2.2.7　测试系统对单位阶跃输入的响应

现实中，对系统的突然加载或突然卸载就属于阶跃输入形式，其信号波形如图2-5所示。这种输入信号能充分揭示系统的动态特性，所以与脉冲输入一样，也是一种常用的激励方法。

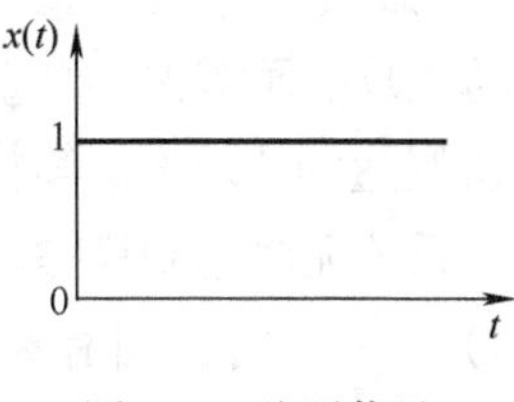

图2-5　阶跃信号

单位阶跃信号
$$x(t)=\begin{cases}1 & t\geqslant0\\0 & t<0\end{cases}$$

其拉普拉斯变换
$$X(s)=\frac{1}{s}$$

1. 一阶系统的单位阶跃响应

输出信号的拉普拉斯变换为

$$Y(s)=H(s)X(s)=\frac{1}{s(\tau s+1)}$$

求拉普拉斯反变换得输出响应为

$$y(t)=1-e^{\frac{t}{\tau}} \quad (t\geqslant 0) \tag{2-30}$$

由式（2-30）作图得到一阶系统单位阶跃响应曲线，如图 2-6 所示。

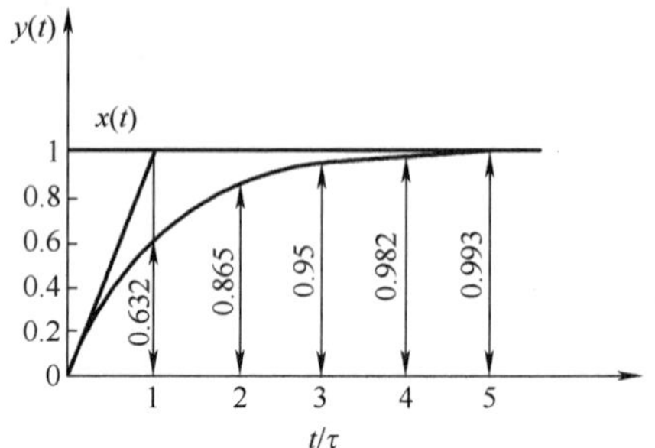

图 2-6

一阶系统单位阶跃响应的特点如下：

1）$y(t)$指数增大，且无振荡；$y(\infty)=1$，无稳态误差。

2）$y(\tau)=0.632$。即经过时间 τ，系统响应将达到稳态输出值的 63.2%。

3）时间常数 τ 反映系统响应的快慢，响应过渡时间约为 $3\sim4\tau$，所以 τ 越小系统的动态特性越好。

2. 二阶系统的单位阶跃响应

当输入为单位阶跃信号时，二阶系统输出信号的拉普拉斯变换为

$$Y(s)=\frac{\omega_n^2}{s^2+2\zeta\omega_n s+\omega_n^2}\frac{1}{s}$$

求拉普拉斯反变换得其输出响应为

$$y(t)=1-\frac{e^{-\zeta\omega_n t}}{\sqrt{1-\zeta^2}}\sin(\omega_a t+\varphi) \quad (0<\zeta<1) \tag{2-31}$$

式中，$\omega_d=\omega_n\sqrt{1-\zeta^2}$称为阻尼振荡频率；$\varphi=\arctan\frac{\sqrt{1-\zeta^2}}{\zeta}$。

不同阻尼二阶系统的阶跃响应曲线如图 2-7 所示。

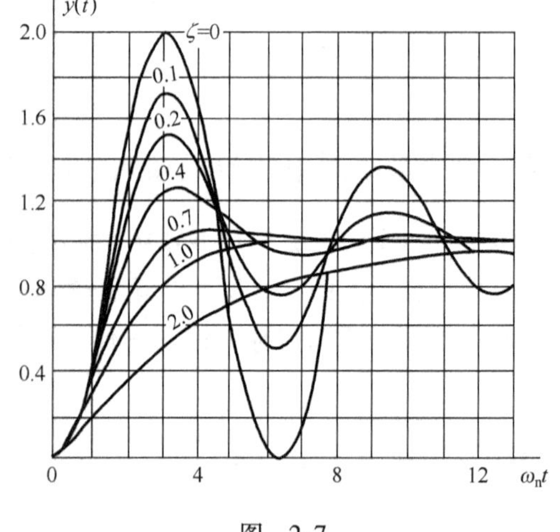

图 2-7

二阶系统单位阶跃响应的特点如下：

1）$y(\infty)=1$，稳态误差为 0。

2）振幅衰减的快慢由 ζ 和 ω_n 决定。振幅随 ζ 减小而增大。当 $\zeta=0$ 时，系统振幅的超调量为 100%，其持续不断作等幅振荡，系统无法达到稳态。

3）ζ 一定时，固有频率 ω_n 越高，系统响应越快。

4）当 $\zeta>1$ 时，系统退化为两个一阶系统的串联，此时输出无振荡，当达到稳态的过渡时间很长。当 $\zeta=0.6\sim0.8$ 时，系统可以很快进入稳态，其超调量小于 10%。二阶系统的最佳阻尼比为 $\zeta=0.707$。

2.2.8　难点分析

1）测试装置不失真测试条件。可以这样理解，假设 $x(t)$ 是一个由占有一定频率范围的不同正弦信号叠加而成的复杂波形，按线性叠加原理，$x(t)$ 输入可以认为是其许多不同频率分量输入叠加的结果，输出 $y(t)$ 也可认为是各频率分量输出后叠加而成，为使叠加而成的 $y(t)$ 相对于 $x(t)$ 波形不失真，显然测试装置对 $x(t)$ 的所有频率分量应有相同的放大倍数 A_0，并且各频率分量延迟相同的时间 t_0，则延迟的相位必为 $\varphi(\omega) = -\omega t_0$，即 $\varphi(\omega)$ 与 ω 呈线性关系，这样叠加而成的 $y(t)$ 与 $x(t)$ 波形不失真。

2）测试系统频率响应特性的分析，奈奎斯特图、伯德图与系统结构特征的关系。

3）测试装置动态特性的测试，就是对装置的动态参数进行测定。对动态参数的测定通常通采用两种方法：阶跃响应法（时域）、频率响应法（频域）。即用阶跃信号或正弦信号作为标准激励信号，输入给被测装置，分别测出阶跃响应曲线和频率响应曲线，从中确定系统的时间常数 τ、阻尼比 ζ、固有频率 ω_n 等参数。

2.3　典型题解析

【例 2-1】 电涡流式位移测量装置定度数据如下：

测量次数 i	1	2	3	4	5	6	7
输入量 x_i/μm	10	20	30	40	50	60	70
输出量 y_i/mV	80	164	241	319	402	479	560

求：测试装置的线性度和灵敏度。

解：设理论标准直线方程（回归方程）为

$$\hat{y} = sx + b$$

据最小二乘法可得

$$s = \frac{n\sum x_i y_i - \sum x_i \sum y_i}{n\sum x_i^2 - (\sum x_i)^2},\quad b = \frac{\sum y_i \sum x_i^2 - \sum x_i \sum y_i}{n\sum x_i^2 - (\sum x_i)^2}$$

代入表中数据分别求出

$$\sum_{i-1}^{7} x_i = 10 + 20 + 30 + 40 + 50 + 60 + 70 = 280$$

$$\sum_{i-1}^{7} y_i = 80 + 164 + 241 + 319 + 402 + 479 + 560 = 2245$$

$$\sum_{i-1}^{7} x_i y_i = 800 + 3280 + 7230 + 12760 + 20100 + 28740 + 39200 = 112110$$

$$\sum_{i-1}^{7} x_i^2 = 100 + 400 + 900 + 1600 + 2500 + 3600 + 4900 = 14000$$

代入以上 s 及 b 的计算公式中，则

$$s=\frac{7\times 112110-280\times 2245}{7\times 14000-(280)^2}=7.968,\ b=2$$

所以回归方程为$\hat{y}=7.968x+2$，给定 x_i，可算出$\hat{y}_i$。将相应于 x_i 的$\hat{y}_i$ 及 $B_i=y_i-\hat{y}_i$ 值列入下表：

$\hat{y}_i$	81.68	161.3	241	320.7	400.4	480.1	559.8
B_i	-1.68	2.7	0	-1.7	1.6	-1.1	0.2

B_i 中最大的为 $B_{max}=2.7$。最小二乘法非线性误差为

$$\delta=\frac{B_{max}}{A}\times 100\%=\frac{2.7}{560}\times 100\%=0.48\%$$

测试装置灵敏度值 S = 理想直线的斜率≈拟合直线的斜率 $=s=7.968$

解题要点：深刻理解线性误差的概念和实际意义，记住最小二乘法拟合直线的斜率和截距的计算公式，了解灵敏度的物理意义。

【例 2-2】 *RLC* 串联电路如图 2-8 所示。试列写其微分方程并求出传递函数 $H(s)$ 及频响函数 $H(j\omega)$。

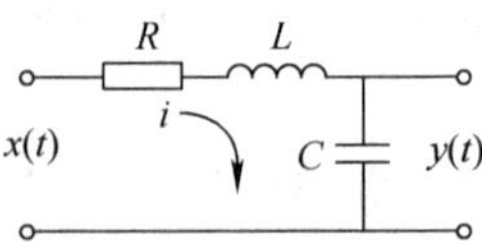

图 2-8 例 2-2 图

解：(1) 电路基本元件动态特性的表示

R 上电压 $u_R=iR$

L 上电压 $u_L=L\frac{di}{dt}$

C 上电压 $u_C=\frac{1}{C}\int i dt$ 或 $\frac{du_C}{dt}=\frac{i}{C}$

(2) 电路中各元件上电压之间的关系

$$x(t)=iR+L\frac{di}{dt}+\frac{1}{C}\int i dt \quad ①$$

因为 $u_C=y(t)$，则 $i=C\frac{dy(t)}{dt}$。代入式①中得

$$X(t)=RC\frac{dy(t)}{dt}+LC\frac{d^2y(t)}{dt^2}+y(t)$$

经整理得

$$LC\frac{d^2y(t)}{dt^2}+RC\frac{dy(t)}{dt}+y(t)=x(t) \quad ②$$

也可写成

$$\frac{d^2y(t)}{dt^2}+\frac{R}{L}\frac{dy(t)}{dt}+\frac{1}{LC}y(t)=\frac{1}{LC}x(t)$$

设 $\omega_n^2=\frac{1}{LC}$，$2\zeta\omega_n=\frac{R}{L}$，$\zeta=\frac{R}{2}\sqrt{\frac{C}{L}}$。式中，$\omega_n$ 为电路故有频率；ζ 为电路阻尼比。

写成标准二阶微分方程形式为

$$\frac{d^2y(t)}{dt^2}+2\zeta\omega_n\frac{dy(t)}{dt}+\omega_n^2y(t)=\omega_n^2x(t) \quad ③$$

（3）在零初始条件下，对式③进行拉普拉斯变换

$$(s^2+2\zeta\omega_n s+\omega_n^2)Y(s)=\omega_n^2X(s)$$

电路传递函数为

$$H(s)=Y(s)/X(s)$$

$$H(s)=\frac{\omega_n^2}{s^2+2\zeta\omega_n s+\omega_n^2} \qquad ④$$

（4）将 $s=\mathrm{j}\omega$ 代入④式，求得频响函数

$$H(\mathrm{j}\omega)=\frac{Y(\mathrm{j}\omega)}{X(\mathrm{j}\omega)}=\frac{\omega_n^2}{(\omega_n^2-\omega^2)+\mathrm{j}2\zeta\omega_n\omega}$$

改写成

$$H(\mathrm{j}\omega)=\frac{1}{1-\left(\frac{\omega}{\omega_n}\right)^2+\mathrm{j}2\zeta\left(\frac{\omega}{\omega_n}\right)} \qquad ⑤$$

将式⑤的分母有理化，求实频和虚频的特性

$$H(\mathrm{j}\omega)=\frac{1}{1-\left(\frac{\omega}{\omega_n}\right)^2+\mathrm{j}2\zeta\left(\frac{\omega}{\omega_n}\right)}\cdot\frac{1-\left(\frac{\omega}{\omega_n}\right)^2+\mathrm{j}2\zeta\left(\frac{\omega}{\omega_n}\right)}{1-\left(\frac{\omega}{\omega_n}\right)^2+\mathrm{j}2\zeta\left(\frac{\omega}{\omega_n}\right)}$$

$$=\frac{1-\left(\frac{\omega}{\omega_n}\right)^2}{\left[1-\left(\frac{\omega}{\omega_n}\right)^2\right]^2+\left(2\zeta\frac{\omega}{\omega_n}\right)^2}-\mathrm{j}\frac{2\zeta\frac{\omega}{\omega_n}}{\left[1-\left(\frac{\omega}{\omega_n}\right)^2\right]^2+\left(2\zeta\frac{\omega}{\omega_n}\right)^2}$$

实频特性
$$P(Q)=\frac{1-\left(\frac{\omega}{\omega_n}\right)^2}{\left[1-\left(\frac{\omega}{\omega_n}\right)^2\right]^2+\left(2\zeta\frac{\omega}{\omega_n}\right)^2}$$

虚频特性
$$Q(\omega)=\frac{-2\zeta\frac{\omega}{\omega_n}}{\left[1-\left(\frac{\omega}{\omega_n}\right)^2\right]^2+\left(2\zeta\frac{\omega}{\omega_n}\right)^2}$$

幅频特性
$$A(\omega)=\frac{1}{\sqrt{\left[1-\left(\frac{\omega}{\omega_n}\right)^2\right]^2+\left(2\zeta\frac{\omega}{\omega_n}\right)^2}}$$

相频特性
$$\varphi(\omega)=-\arctan\frac{2\zeta\frac{\omega}{\omega_n}}{1-\left(\frac{\omega}{\omega_n}\right)^2}$$

解题要点：复习电工技术中基尔霍夫定律，熟悉 R、L、C 元件上电压和电流的关系式，由此列出电路的微分方程；记住测试装置动态特性3种数学模型之间的相互联系，学会由二阶系统的微分方程，推导系统的固有频率、阻尼比以及频率响应函数的方法。

2.4 复习思考题

1. 绝对误差、相对误差的表达式。
2. 灵敏度、非线性度、回程误差的定义。
3. 叙述线性系统的5个性质。
4. 什么是系统的脉冲响应函数、频率响应函数，两者的关系是什么？
5. 用什么数学模型分别表示装置在时域、复频域和频域中的动态特性，各有何特点？彼此间有什么关系？
6. 测试装置实现不失真测试的时域条件和频域条件。
7. 写出线性定常系统微分方程的一般形式。
8. 根据已知二阶系统的微分方程，推导频率响应函数、系统的固有频率及阻尼比。
9. 频率响应和频谱有何本质区别？试比较教材中图2-23与图1-5加以说明。
10. 试列写教材上图2-14中二阶系统的微分方程。求其传递函数、频率响应函数，并对列写方法作出小结，如基本元件上输入输出动态特性的表示方法，方程列写所依据的力学或电学定律、公式的形式及特点等。
11. 简述用实验求取装置频率响应函数的方法和实验系统的基本组成（框图）。

2.5 习题解答

2-1 进行某动态压力测量时，所采用的压电式力传感器的灵敏度为90.9nC/MPa，将它与增益为0.005V/nC的电荷放大器相连，而电荷放大器的输出接到一台笔式记录仪上，记录仪的灵敏度为20mm/V。试计算这个测量系统的总灵敏度。当压力变化为3.5MPa时，记录笔在记录纸上的偏移量是多少？

解：若不考虑负载效应，则各装置串联后总的灵敏度等于各装置灵敏度相乘。

设系统、传感器、放大器、记录仪的灵敏度分别为S、S_g、S_A、S_L。

系统的总灵敏度 $S = S_g S_A S_L = 90.9 \times 0.005 \times 20\text{mm/MPa} = 9.09\text{mm/MPa}$

当压力变化 $\Delta p = \pm 3.5\text{MPa}$ 时，记录仪的输出偏移量为 ΔL，灵敏度为

$$S = \frac{\Delta L}{\Delta p}$$

则 $$\Delta L = S\Delta p = 9.09 \times (\pm 3.5)\text{mm} = \pm 31.8\text{mm}$$

该测量系统的总灵敏度为9.09mm/MPa，当压力变化3.5MPa时，记录笔位移31.8mm。

2-2 用一个时间常数为0.35s的一阶装置去测量周期分别为1s、2s和5s的正弦信号，问幅值误差是多少？

解：一阶装置的幅频特性是

$$A(\omega) = \frac{1}{\sqrt{1 + (\tau \frac{2\pi}{T})^2}}$$

相对幅值误差为

$$\delta=\frac{A(\omega)-A(0)}{A(0)}\times 100\%=\frac{A(\omega)-1}{1}\times 100\%$$

$T=1\text{s}$ 时，$\delta_1=-58.6\%$；$T=2\text{s}$ 时，$\delta_2=-32.7\%$；$T=5\text{s}$ 时，$\delta_3=-8.5\%$。

2-3　求周期信号 $x(t)=0.5\cos 10t+0.2\cos(100t-45°)$ 通过传递函数为 $H(t)=1/(0.005s+1)$ 的装置后得到的稳态响应。

解：系统频率特性为

$$H(\omega)=\frac{1}{1+\text{j}0.005\omega},\ A(\omega)=\frac{1}{\sqrt{1+(0.005\omega)^2}},\ \varphi(\omega)=-\arctan(0.005\omega)$$

设 $x(t)=x_1(t)+x_2(t)=x_{01}\cos\omega_1 t+x_{02}\cos\omega_2 t=0.5\cos 10t+0.2\cos(100t-45°)$
该装置是一线性定常系统，根据线性定常系统的频率保持性、比例性和叠加性得到其稳态响应 $y(t)$。

设
$$y(t)=y_{01}\cos(10t+\varphi_1)+y_{02}\cos(100t-45°+\varphi_2)$$

其中
$$y_{01}=A(10)x_{01}=\frac{1}{\sqrt{1+(0.005\times 10)^2}}\times 0.5\approx 0.499$$

$$\varphi_1=\varphi(10)=-\arctan(0.005\times 10)\approx -2.86°$$

$$y_{02}=A(100)x_{02}=\frac{1}{\sqrt{1+(0.005\times 100)^2}}\times 0.2\approx 0.179$$

$$\varphi_2=\varphi(100)=-\arctan(0.005\times 100)\approx -26.57°$$

故稳态响应
$$\begin{aligned}y(t)&=0.998\times 0.5\cos(10t-2.86°)+0.89\times 0.2\cos(100t-45°-26.5°)\\&=0.499\cos(10t-2.86°)+0.178\cos(100t-71.5°)\end{aligned}$$

2-4　气球携带一种时间常数 $\tau=15\text{s}$ 的一阶温度计、以 5m/s 的速度通过大气层。设温度随所处的高度按海拔升高 30m 下降 0.15℃的规律变化，气球将温度和高度的数据用无线电传回地面。在 3000m 处所记录的温度为 -1℃，试问实际出现 -1℃的真实高度是多少？

解：温度计为一阶系统，其传递函数为 $H(s)=\dfrac{1}{15s+1}$。

温度随高度线性变化，对温度计来说相当于输入了一个斜坡信号，而这样的一阶系统对斜坡信号的稳态响应滞后时间为时间常数 $\tau=15\text{s}$，如果不计无线电波传送时间，则温度计的输出实际上是 15s 以前的温度。气球上升到 3000m 处所需的时间为 $t=H/v=(3000/5)\text{s}=600\text{s}\gg\tau$。

一阶系统斜坡输入稳态响应为

$$\varepsilon_{\text{r}}(t)=-(\tau-\tau\text{e}^{-t/\tau})=-15(1-\text{e}^{-600/15})\text{s}\approx -15\text{s}$$

温度计实际指示 -1℃处的真实高度为

$$H_{\text{t}}=H-\tau v=(3000-15\times 5)\text{m}=2925\text{m}$$

2-5　想用一个一阶系统作 100Hz 正弦信号的测量，如果要求限制振幅误差在 5% 以内，那么时间常数应取多少？若用该系统测量 50Hz 正弦信号，问此时的振幅误差和相角差是多少？

解:系统的幅频特性为

$$H(\omega)=\frac{1}{1+\mathrm{j}\tau\omega}\quad(\tau\text{ 是时间常数})$$

振幅为
$$A(\omega)=\frac{1}{\sqrt{1+(\tau\omega)^2}}$$

(1) 当 $f=100\text{Hz}$ 时，计算时间常数 τ

稳态响应相对幅值误差 $\delta=|A(\omega)-1|\times100\%=\left(1-\frac{1}{\sqrt{1+(2\pi\tau f)^2}}\right)\times100\%$

令 $\delta\leqslant5\%$，$f=100\text{Hz}$，解得时间常数为

$$\tau\leqslant\sqrt{\frac{0.108}{(200\pi)^2}}=5.233\times10^{-4}\text{s}=523\mu\text{s}$$

(2) 当 $f=50\text{Hz}$ 时，计算振幅误差和相角差

相对幅值误差为

$$\delta=\left|1-\frac{1}{\sqrt{1+\omega^2\tau^2}}\right|\times100\%=1-\frac{1}{\sqrt{1+(100\pi\times5.23\times10^{-4})^2}}=1.3\%$$

相位差为

$$\varphi(\omega)=-\arctan(2\pi\tau f)=-\arctan(2\pi\times523\times10^{-6}\times50)\approx-9.33^\circ$$

2-6 试说明二阶装置阻尼比 ζ 多用 0.6～0.7 的原因。

解：在实际测试工作中，选用的测试装置要尽量保证不失真条件，一般来说，在 $\zeta=0.6\sim0.7$ 时，二阶系统可以获得良好的综合特性。从相频特性看，当 ζ 在 0.7 左右时，相频特性曲线最接近直线，可以满足 $\varphi(\omega)=-\omega t_0$ 的不失真相频特性条件。相位失真很小，因而产生的动态误差最小。从幅频特性看，当 ζ 在 0.7 左右时，幅频特性近似常数的频率范围最宽。另外如果阻尼比选在 0.7 左右，系统响应快，输出误差近似为零。这就是在工程上许多测量装置的阻尼比都取在这个区间内的主要原因。

解题要点：结合二阶系统的幅频、相频特性曲线，理解二阶系统的特点；结合二阶系统的单位阶跃响应曲线，理解二阶系统对任意输入的影响。

2-7 将信号 $\cos\omega t$ 输入一个传递函数为 $H(s)=1/(\tau s+1)$ 的一阶装置后，试求其包括瞬态过程在内的输出 $y(t)$ 的表达式。

解:

解法一：利用传递函数的定义，求拉普拉斯变换和逆拉普拉斯变换求输出响应。

设输入信号
$$x(t)=\cos\omega t$$

$$X(s)=\frac{s}{s^2+\omega^2}$$

$$Y(s)=H(s)X(s)=\frac{1}{\tau s+1}\,\frac{s}{s^2+\omega^2}$$

输出信号为

$$y(t)=L^{-1}[Y(s)]=\frac{1}{2\pi\tau}\int_{a-\mathrm{j}\omega}^{a+\mathrm{j}\omega}Y(s)\mathrm{e}^{st}\mathrm{d}s=\frac{1}{2\pi\tau}\int_{a-\mathrm{j}\omega}^{a+\mathrm{j}\omega}\frac{1}{\tau s+1}\,\frac{s}{s^2+\omega^2}$$

采用部分分式法求得

$$y(t)=\frac{1}{\sqrt{1+\omega^2\tau^2}}[\cos(\omega t-\varphi_1)-e^{-\frac{t}{\tau}}\cos\varphi_1]$$

式中，$\varphi_1=\operatorname{arccot}\omega\tau$

解法二：首先根据传递函数和频率响应的关系，写出频率响应函数式 $H(\omega)$。其次求输入信号的傅里叶变换 $X(\omega)$。再根据频率响应的定义式 $H(\omega)=Y(\omega)/X(\omega)$，求输出信号的傅里叶变换 $Y(\omega)$。最后求输出信号的傅里叶反变换，即可得到其瞬态表达式 $y(t)$。计算过程略。

2-8　求频率响应函数为 $3155072/((1+0.01\mathrm{j}\omega)(1577536+1760\mathrm{j}\omega-\omega^2))$ 的系统对正弦输入 $x(t)=10\sin(62.8t)$ 的稳态响应的均值显示。

解：将频率响应函数改写成如下形式：

$$\frac{1}{1+\mathrm{j}\omega\tau}\frac{k\omega_n^2}{\omega_n^2+\mathrm{j}2\zeta\omega_n\omega+(\mathrm{j}\omega)^2}$$

式中，$\tau=0.01$；$\omega_n=\sqrt{1577536}=1256$；$k=2$；$\zeta=\dfrac{1760}{2\times1256}=0.7$。

分析：显然这是一个一阶与二阶系统的串联系统。对于均值为零的单一频率正弦输入信号，输出仍为不失真的正弦信号，其稳态响应的均值为零。实际上只要是线性系统，对于零均值的输入信号其输出稳态信号的均值必然是零。

2-9　试求传递函数分别为 $1.5/(3.5s+0.5)$ 和 $41\omega_n^2/s^2+1.4\omega_n s+\omega_n^2$ 的两个环节串联后组成的系统的总灵敏度（不考虑负载效应）。

解：求 $s=0$ 时，两传递函数之值即为两个环节各自的灵敏度。

$$K_1=\left.\frac{1.5}{3.5s+0.5}\right|_{s=0}=3.0$$

$$K_2=\left.\frac{41\omega_n^2}{s^2+1.4\omega_n s+\omega_n^2}\right|_{s=0}=41.0$$

因两环节之间无负载效应，故两环节串联后系统的静态总灵敏度为

$$S=K_1K_2=3.0\times41.0=123$$

系统动态总灵敏度就是其幅频特性为

$$A(\omega)=A_1(\omega)A_2(\omega)=\frac{3}{\sqrt{49\omega^2+1}}\frac{41\omega_n^2}{\sqrt{(\omega_n^2-\omega^2)^2+(1.4\omega_n\omega)^2}}$$

2-10　设某力传感器可作为二阶振荡系统处理，已知传感器的固有频率为 800Hz，阻尼比 $\zeta=0.14$，问使用该传感器做频率为 400Hz 的正弦测试时，其幅值比 $A(\omega)$ 和相角差 $\varphi(\omega)$ 各为多少？若该装置的阻尼比改为 $\zeta=0.70$，问 $A(\omega)$ 和 $\varphi(\omega)$ 又将如何变化？

解：传感器的传输特性为

$$H(s)=\frac{\omega_n^2}{s^2+2\zeta\omega_n s+\omega_n^2}$$

则 $$A(\omega)=\frac{1}{\sqrt{\left[1-\left(\frac{\omega}{\omega_n}\right)^2\right]^2+\left(2\zeta\frac{\omega}{\omega_n}\right)^2}},\ \varphi(\omega)=-\arctan\frac{2\zeta\frac{\omega}{\omega_n}}{1-\left(\frac{\omega}{\omega_n}\right)^2}$$

即 $$A(f)=\frac{1}{\sqrt{\left[1-\left(\frac{f}{f_n}\right)^2\right]^2+\left(2\zeta\frac{f}{f_n}\right)^2}},\ \varphi(f)=-\arctan\frac{2\zeta\frac{f}{f_n}}{1-\left(\frac{f}{f_n}\right)^2}$$

（1）按题意，$f_n=800\text{Hz}$，当 $f=400\text{Hz}$ 时，$f/f_n=400/800=0.5$，$\zeta=0.14$。

则 $$A(400)=\frac{1}{\sqrt{[1-0.5^2]^2+(2\times0.14\times0.5)^2}}=1.31$$

$$\varphi(400)=-\arctan\frac{2\times0.14\times0.5}{1-0.5^2}=-10.57°$$

即此时幅值比为1.31，相移为 $-10.6°$

（2）与（1）同理，当 $\zeta=0.70$ 时，$A(400)=0.97$，$\varphi(400)=-43.03°$，即此时幅值比为0.975，相移为 $-43.03°$。

2-11　对一个可视为二阶系统的装置输入一单位阶跃函数后，测得其响应的第一个超调量峰值为1.5，振荡周期为6.23s，设已知该装置的静态增益为3，求该装置的传递函数和该装置在无阻尼固有频率处的频率响应。

解：按公式或查表求最大超调量及阻尼。即

$$\zeta=\frac{1}{\sqrt{1+\left[\frac{\pi}{\ln\ (M/Kx_0)}\right]^2}}=\frac{1}{\sqrt{1+\left[\frac{\pi}{\ln\ (1.5/3)}\right]^2}}\approx0.215$$

据题意 $\tau_d=6.23\text{s}$　所以，有阻尼固有频率为

$$\omega_d=2\pi/\tau_d=1\text{rad/s}$$

可算出无阻尼固有频率为

$$\omega_n=\frac{\omega_d}{\sqrt{1-\zeta^2}}=\frac{1}{\sqrt{1-0.215^2}\text{rad/s}}\approx1.024\text{rad/s}$$

系统的传递函数为

$$H(s)=\frac{3\omega_n^2}{s^2+2\zeta\omega_n s+\omega_n^2}=\frac{3.15}{s^2+0.44s+1.05}$$

频率特性为

$$H(\omega)=\frac{3\omega_n^2}{\omega_n^2-\omega^2+\text{j}2\zeta\omega_n\omega}=\frac{3.15}{1.05-\omega^2+\text{j}0.44\omega}$$

$$A(\omega)=\frac{3}{\sqrt{\left[1-\left(\frac{\omega}{\omega_n}\right)^2\right]^2+\left(0.44\frac{\omega}{\omega_n}\right)^2}}$$

$$\varphi(\omega) = -\arctan\frac{2\zeta\frac{\omega}{\omega_n}}{1-\left(\frac{\omega}{\omega_n}\right)^2}$$

当 $\omega=\omega_n$ 时，有

$$A(\omega_n) = \frac{3}{\sqrt{\left[1-\left(\frac{\omega}{\omega_n}\right)^2\right]^2+\left(0.44\frac{\omega}{\omega_n}\right)^2}} \approx 6.82$$

$$\varphi(\omega_n) = -90^\circ$$

第3章　常用传感器与敏感元件

3.1　学习要求及学习方法

1）熟悉机械工程测试中常用传感器的类型及基本原理，掌握应用范围。

2）掌握传感器的选用原则。

3）通过实验，逐步了解传感器的定度方法及测试系统组成，熟悉电路特性的测试技术。

4）在学习方法上，要注意掌握传感器的共同要点，即传感器的工作原理，主要结构形式，采用的功能材料，匹配电路及外特性，传感器的主要应用。由于传感器类型很多，只有抓住上述线索，才不觉得杂乱。

3.2　学习要点与难点分析

3.2.1　传感器的概述

传感技术是信息科学中的一个重要组成部分，在现代被称为信息探测工程学，是研究物质的物理效应、化学效应、生物效应的信息探测实际应用的一门学科，它对科学技术发展的作用和意义已日益重要。

1. 定义

将被测物理量转换为与之相对应的，容易检测、传输或处理的信号的装置，称之为传感器。

应该指出，目前对传感器有着不完全一致的定义，因为随着传感器应用领域的开拓和新型原理、材料及电路的发展，传感器定义出现某些差异是可以理解的。对于机械工程测试领域，上述定义可以接受。有的书籍将传感器定义的输入量扩展为物理量、化学量、生物量乃至心理量。现阶段的技术手段，传感器的输出量大都为电量，因而从狭义上讲，传感器是把外界输入的非电信号转换成电信号的装置。从广义上讲，传感器是一个感知系统，是为了从外界感知信号而工作的系统。

2. 传感器的组成

传感器一般由敏感元件和其他辅助器件组成。敏感元件是传感器的核心元件，是直接感受被测量的部分，并对信号进行转换。辅助器件是将敏感元件输出的电信号进行放大、阻抗匹配，以便后续仪表的接入。

3. 传感器的作用

1）传感器类似人的感觉器官，将被测物理量转换成可测信号并传给中间环节进行处理分析；是人的感官延伸，可探测人们无法用感官直接测量的事物。

2）在测试系统中，传感器是测量仪器与被测事物之间的接口。

3）传感器是测量装置的输入端，它的性能直接影响整个测量装置的精确性和稳定性。

传感器是测试系统的首要环节，它与被测对象之间总有相互作用和影响，要从被测对象上吸取某些能量，从而获得被测信息。因此传感器采集的信息质量和可靠程度决定了整个测控系统的质量和水平。尽管现在有较强功能的后续信号处理电路，计算机实现这些处理也不困难，然而计算机也无法添加新的检测信息和消除传感器引入的错误信息。因此深入研究传感器的原理和应用，研制新型传感器对于探索自然界事物的深度和广度具有重要意义。近几年来，提高传感器的技术水平并与计算机技术协调发展，已引起国内外技术人员的极大关注。机械与微电子技术逐步结合，机电一体化已引起产品结构的深刻变化，如容栅、光栅及磁栅数显卡尺等，其中新型传感器及匹配微电子电路是其成败的关键，机电一体化产品将为传感器技术的发展注入新的活力。

4. 传感器的类型

根据不同的需要，传感器有不同的分类方法。

（1）按输入量分类　如温度、位移、压力、振动等传感器。这种分类指明了传感器的用途，便于用户选择和工厂生产管理。有关资料表明，工业上需求量最大的是温度传感器，其次是位移传感器，振动和压力传感器需求量也较大。上述分类法的缺点是没有说明工作原理。

（2）按信号转换特征分类　可分物性型和结构型传感器。物性型传感器利用敏感元件材料本身物理性质的变化来实现信号的检测。某些特殊功能材料具有感受和变换信号的能力，如压电传感器、硅力敏传感器、光电传感器等，就是利用物质的压电效应、霍尔效应、光电效应等实现信号的传感。又如，用水银温度计测温，是利用了水银的热胀冷缩的现象。结构型传感器是通过传感器本身结构参数的变化来实现信号转换。如电位器式传感器、电感式、电容式传感器等，其原理是利用传感器结构参数变化或它引起“场”的变化而输出信号，可以说是利用“场”的定律，如电场、磁场、力场等。

（3）按工作的物理原理分类　可分为机械式、电气式、光学式、流体式传感器等。

（4）按传感器与被测量之间的关系分类　可分为能量控制型和能量转换型传感器。

能量控制型传感器或叫做“参量型”传感器，也称为无源传感器，是将被测量转换成“电参数”，工作时需外加电源才能输出电压电流信号。如电阻传感器、电感传感器、电容传感器等。

能量转换型传感器或叫做“发电型”传感器，也称为有源传感器。工作时可直接将被测信号转换成电压电流或电荷信号而无需外加电源。如压电式传感器、磁电式传感器、光电传感器、热电传感器等。

在学习 R、L、C 参量传感器时要注意外加电源电路或调制解调电路的特点和外特性。发电式传感器原理上无外加电源也可工作，能输出电信号，但有时为了放大信号或作信号处理，也加有某些匹配电路，同样要学习和掌握。

（5）按传感器输出量的性质分类　可分为模拟式和数字式传感器。

要注意的是这几种分类方法可能是交错的，如物性型传感器中有发电式传感器，如压电、热电传感器等，也有参量型传感器，如压阻式传感器等。而结构型传感器中有发电式传感器，如磁电式传感器，也有参量式传感器，如电位器传感器。

5. 传感器技术的发展方向

随着科学技术的不断发展，特别是机械工程中的微加工技术，包括微电子和微机械加工技术的快速发展以及信息产业的飞速发展和环保生态业的兴起，微型化、集成化、多功能化、智能化、网络化、系统化、低功耗、无线、便携式已成为国内外新型传感器的特点。今后的主要发展方向：一是开展基础研究，重点研究传感器的新材料和新工艺；二是实现传感器的智能化。将传感器技术与微电子技术相结合，构成校正、变化、统计处理、反馈等多种功能，具有思维、识别能力的智能传感器，能在复杂的环境中准确而有效地提取信息。

3.2.2　常用传感器的结构与工作原理

1. 机械式传感器

机械式传感器是指将被测量转换成机械弹性变形量的传感器。敏感元件是弹性体，其结构原理如图 3-1 所示。

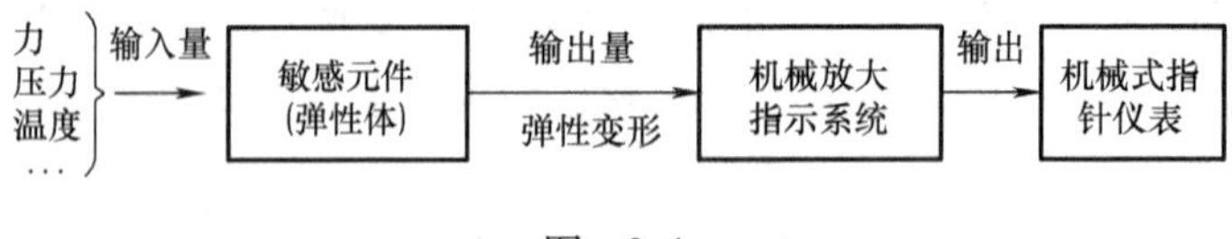

图　3-1

机械式传感器特点如下：

1）结构简单、使用方便、价格低廉、读数直观。

2）机械式放大、惯性大、固有频率低，故多用于静态量或低频变化量的测量。

3）弹性元件的蠕变、弹性后效现象会影响输入与输出的关系。

机械式传感器现在单独使用得不多，常把它作为前导传感器与其他类型的传感器结合起来使用。

2. 电阻传感器

电阻传感器的基本原理是将被测量的变化转换成电阻值的变化。常用的有两类：变阻器式传感器和电阻应变式传感器。

（1）变阻器式传感器

1）主体结构：线绕电阻和电刷（活动触头）。根据被测量的性质有直线位移型、角位移型、函数型。

2）工作原理：$R=\rho\frac{L}{A}$，即 $R=f(\rho、L、A)$。工作中被测量引起 ρ、L、A 任一个参数的变化都将使输出的电阻值发生变化。

3）测量电路：变阻器式传感器的后接电路，一般采用电阻分压电路，如图 3-2 所示。

设变阻器的总电阻为 R_P，在实际电路的设计中，一般取 $R_L >> R_P$，则输出电压与输入位移之间有近似的线性关系为

$$u_o \approx \frac{x}{x_P} u_e \tag{3-1}$$

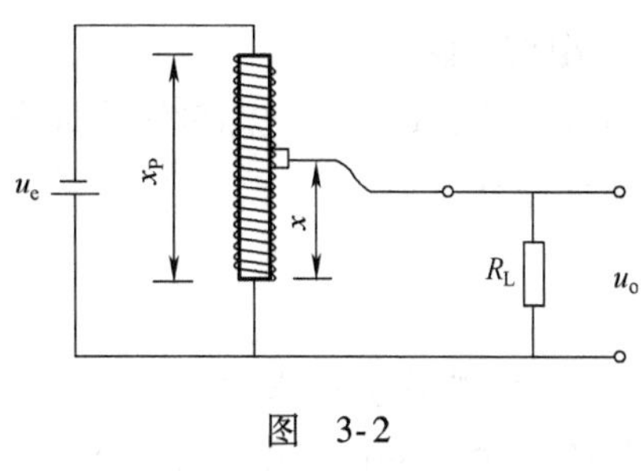

图　3-2

4）灵敏度
$$\begin{cases} \text{直线位移型：} S = \dfrac{dR}{dx} & (3\text{-}2) \\ \text{角位移型：} S = \dfrac{dR}{d\alpha} & (3\text{-}3) \end{cases}$$

5）特点及应用：结构简单、性能稳定、使用方便，分辨率低，噪声大，适用于线位移和角位移的测量。

（2）电阻应变式传感器　根据应变片材料的不同，该类传感器分为两大类：金属栅式电阻应变片（结构型）；半导体式应变片（物性型）。

1）主体结构：应变片和基体。

2）工作原理：基于金属导体的电阻应变效应。即金属导体在外力的作用下发生机械变形时，其电阻值随着机械变形的变化而变化。

3）基本公式为

$$\frac{dR}{R} = (1 + 2\nu)\varepsilon + \lambda E\varepsilon \tag{3-4}$$

式中，ν 为电阻材料的泊松比；ε 为电阻丝的纵向应变；λ 为与材质有关的压阻系数；E 为电阻材料的弹性模量。

式中第一项是由电阻材料的几何形变引起的电阻变化，第二项是由电阻材料的电阻率随应变的改变引起的电阻变化。

对于金属应变片，其电导率基本不变，电阻值的变化主要是由几何形变引起的，故

$$\frac{dR}{R} = (1 + 2\nu)\varepsilon \tag{3-5}$$

对于半导体应变片，其电阻值的变化主要是由电阻率的改变引起的。即压阻效应：半导体沿轴向受力产生内应力引起电阻率的变化，从而使电阻值也发生变化的现象。

故
$$\frac{dR}{R} \approx \lambda E\varepsilon \tag{3-6}$$

4）灵敏度：
$$S_g = \frac{dR/R}{\varepsilon} = \begin{cases} 1 + 2\nu & \text{（金属应变片）} \\ \lambda E & \text{（半导体应变片）} \end{cases} \tag{3-7}$$

应变效应表达式为

$$\frac{dR}{R} \approx \frac{\Delta R}{R} = S_g \varepsilon \tag{3-8}$$

5）测量电路：电桥电路。

6）特点与应用：分辨率高、误差小、尺寸小、重量轻、测量范围大、频率响应特性好、应用于恶劣环境、价格低。典型的应用是动态电阻应变仪。

3. 电容传感器

电容传感器是指将被测量转换成电容量变化的装置。其主体结构为可变参数的电容器。变换原理为

$$C=\frac{\varepsilon_0\varepsilon A}{\delta} \tag{3-9}$$

式中，ε_0为真空中介电常数，$\varepsilon_0=8.85\times10^{-12}\mathrm{F/m}$。

传感器输出的电容量是相对介电常数ε、极板的相对面积A、极距δ的函数。即

$$C=f(\varepsilon、A、\delta)$$

根据电容器可变化的参数不同，可做成3种电容传感器。

(1) 极距变化型 如图3-3所示。被测量引起电容器极距的变化$\mathrm{d}\delta$，从而引起电容量的变化$\mathrm{d}C$。

电容变化量为

$$\mathrm{d}C=-\varepsilon\varepsilon_0 A\frac{1}{\delta^2}\mathrm{d}\delta \tag{3-10}$$

灵敏度为

$$S=\frac{\mathrm{d}C}{\mathrm{d}\delta}=-\varepsilon\varepsilon_0 A\frac{1}{\delta^2} \tag{3-11}$$

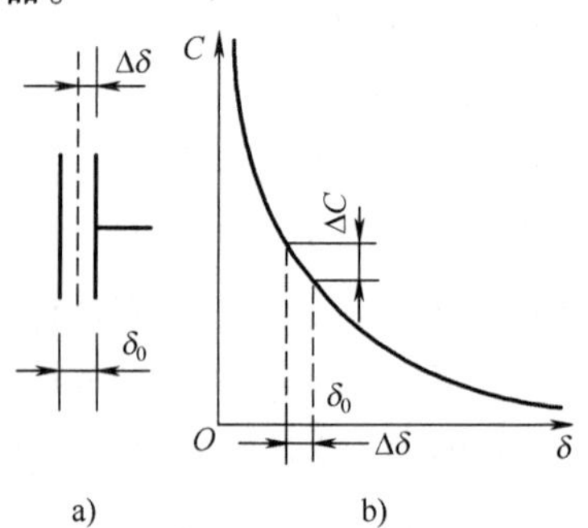

图3-3 极距变化型

a) 极距变化 b) 输出特性

特点：灵敏度高，测量位移小。因为灵敏度随极距变化而变化，将引起非线性误差。为了减小非线性误差，一般取极距的变化范围约为$\Delta\delta/\delta_0\approx0.1$。

(2) 面积变化型 如图3-4所示。被测量引起电容器两极板相对面积的变化$\mathrm{d}A$，从而引起电容量的变化$\mathrm{d}C$。

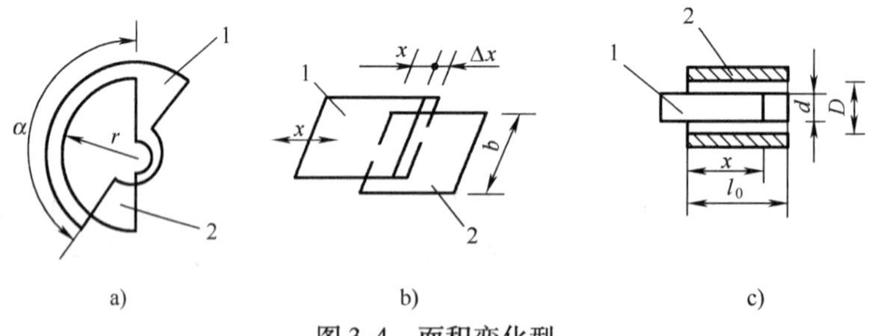

图3-4 面积变化型

a) 角位移型 b) 平面线位移型 c) 柱体线位移型

1—动板 2—定板

根据极板的形状分为角位移型和线位移型，电容量和灵敏度公式如下：

	角位移型	线位移型	
		平面型	柱体型
电容量	$C=\frac{\varepsilon\varepsilon_0\alpha r^2}{2\delta}$ (3-12)	$C=\frac{\varepsilon\varepsilon_0 bx}{\delta}$ (3-14)	$C=\frac{2\pi\varepsilon_0\varepsilon x}{\ln(D/d)}$ (3-16)
灵敏度	$S=\frac{\mathrm{d}C}{\mathrm{d}\alpha}=\frac{\varepsilon\varepsilon_0 r^2}{2\delta}=$常数 (3-13)	$S=\frac{\mathrm{d}C}{\mathrm{d}x}=\frac{\varepsilon\varepsilon_0 b}{\delta}=$常数 (3-15)	$S=\frac{\mathrm{d}C}{\mathrm{d}x}=\frac{2\pi\varepsilon_0\varepsilon}{\ln(D/d)}=$常数 (3-17)

特点：输出与输入呈线性关系，灵敏度为常数，较大的直线位移测量。

(3) 介质变化型　如图 3-5 所示。通过改变极板之间的介质，使介电常数ε发生变化，导致电容量发生变化的电容传感器。

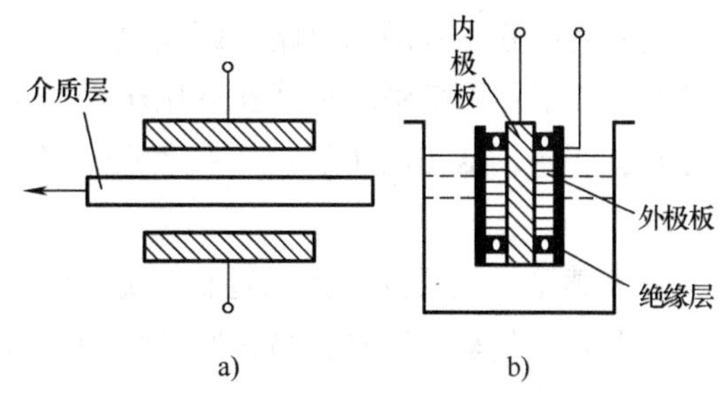

图 3-5　介质变化型

(4) 电容传感器测量电路　测量电路的作用通常是将电容的变化量转换成电压、电流或频率的变化量。所以常用的测量电路有 5 种：电桥电路、直流极化电路、谐振电路、调频电路、运算放大电路。其中应用最广泛的是电桥电路。

(5) 电容传感器特点及应用

1) 输入能量小，灵敏度高。可测量很小的力、压力、加速度等参量。

2) 动态特性好。可适用非接触性的动态参数的测量。

3) 能量损耗小。

4) 结构简单，适应性好。它可以在恶劣的环境中使用，如高温、辐射等环境。

5) 面积变化型和介质变化型传感器输出与输入呈线性关系，线性误差小。灵敏度低，故可适用较大位移测量。

6) 介质变化型传感器的线性误差大，故只适合 0.01μm 至几百微米的小位移测量。

7) 电缆分布电容影响大，测量误差大。

4. 电感传感器

电感传感器是一种利用电磁感应原理把被测量转换成电感量进行传输的装置。

转换原理：被测量引起电感线圈的自感或互感系数的变化，进而引起电感量的变化。

按转换的方式不同，电感传感器分成自感型、互感型两种类型。

(1) 自感型　利用自感系数随被测量变化，引起电感变化的原理进行测量。常用的有两种形式：

1) 可变磁阻式。分为变气隙δ式和螺旋管线圈式，结构原理如图 3-6 所示。

自感量 $$L=\frac{N^2\mu_0A_0}{2\delta} \tag{3-18}$$

灵敏度 $$S=\frac{dL}{d\delta}=-\frac{N^2\mu_0A_0}{2\delta^2} \tag{3-19}$$

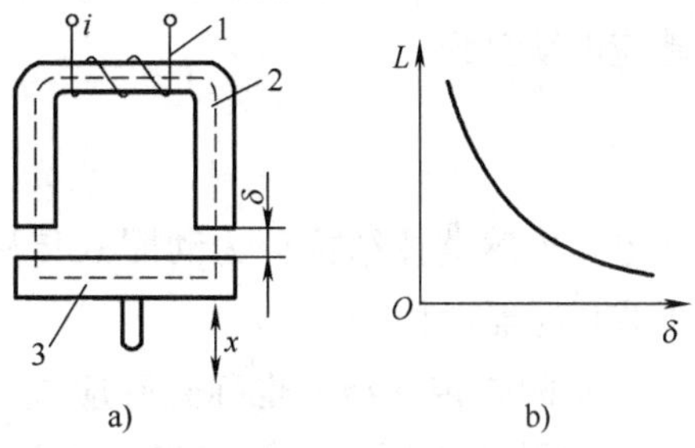

图 3-6　可变磁阻式传感器原理

a) 结构　b) 特性曲线

1—线圈　2—铁心　3—衔铁

2) 涡流式。利用金属导体在交变磁场中的涡流效应，将被测物理量转换成线圈的阻抗变化量，结构原理如图 3-7 所示。

等效阻抗 Z 是线圈与金属板的间距δ、金属板的电阻率ρ、金属板的磁导率μ、线圈励磁固有角频率ω、金属板的厚度h、线圈的激励高频电流i的函数。即

$$Z=f(\delta、\rho、\mu、\omega、h、i)$$

测量电路：分压式调幅电路、调频电路。

特点与应用：可变磁阻传感器适用于较小位移的测量，一般约为0.001～1mm。涡流传感器的灵敏度高、结构简单、抗干扰性强、不受油污尘埃等介质的影响、能进行非接触性测量。

（2）互感型　利用互感系数随被测量变化，引起电感变化的原理进行测量。信号互感 M 的变化类似于差动变压器，结构原理如图3-8所示。

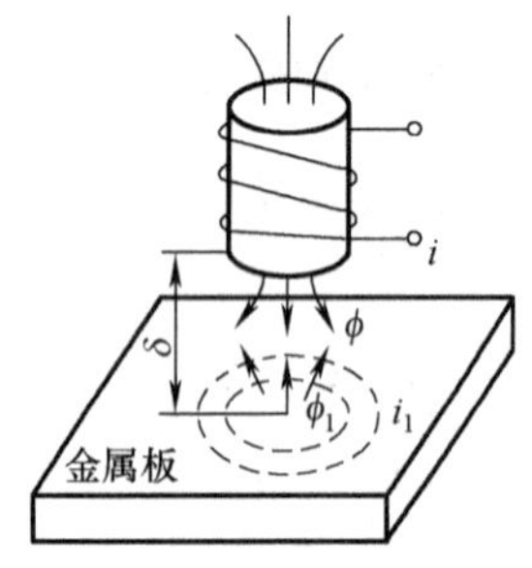

图3-7　涡流传感器原理

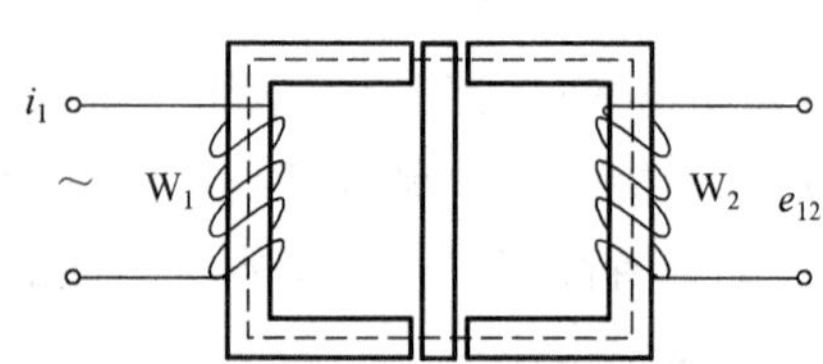

图3-8　互感传感器原理

互感电动势为

$$e_{12}=-M\frac{\mathrm{d}i_1}{\mathrm{d}t} \tag{3-20}$$

测量电路：差动相敏检波电路。

特点及应用：精度高、量程大、分辨率高、稳定性好、使用方便。广泛用于直线位移测量，也可测量重量、压力等物理量。

5. 磁电式传感器

磁电式传感器也称电动式传感器。它把被测物理量的变化转变为感应电动势，是一种机－电能量变换型传感器。

工作原理：法拉第电磁感应定律，即通过线圈的磁通量发生变化感应出电动势。

感应电动势为

$$e=-N\frac{\mathrm{d}\Phi}{\mathrm{d}t} \tag{3-21}$$

磁电式传感器按结构分为动圈式传感器和磁阻式传感器两种。

（1）动圈式传感器　也称磁感应式传感器，结构如图3-9所示。线圈做直线运动，它所产生感应电动势为

$$e=WBlv\sin\theta \tag{3-22a}$$

当 $\theta=90°$ 时

$$e=WBlv \tag{3-22b}$$

当传感器结构一定，即 W、B 和 l 均为常

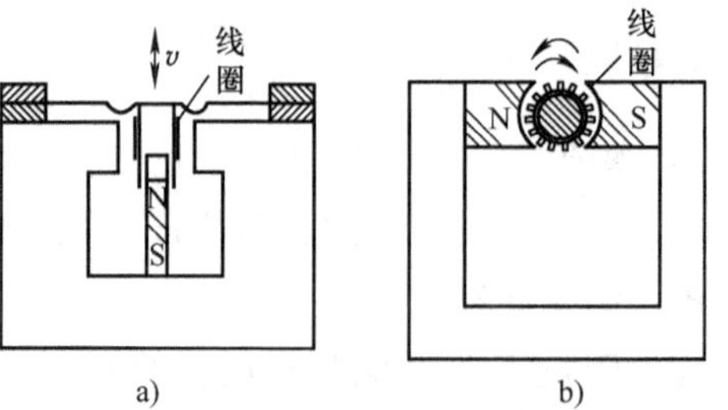

图3-9　动圈磁电式传感器工作原理

a）线速度型　b）角速度型

数，感应电动势与线圈运动速度 v 成正比。根据该原理可设计出各种线速度传感器。

线圈做旋转运动，其上产生的感应电动势为

$$e = KNBA\omega \tag{3-23}$$

当 N、B、A 和 K（传感器结构已定）均为常数时，感应电动势与角速度成正比。这种传感器用于转速测量。磁感应式传感器只适用于动态测量。

（2）磁阻式传感器　又称变磁通式或变气隙式传感器，其结构原理如图 3-10 所示。

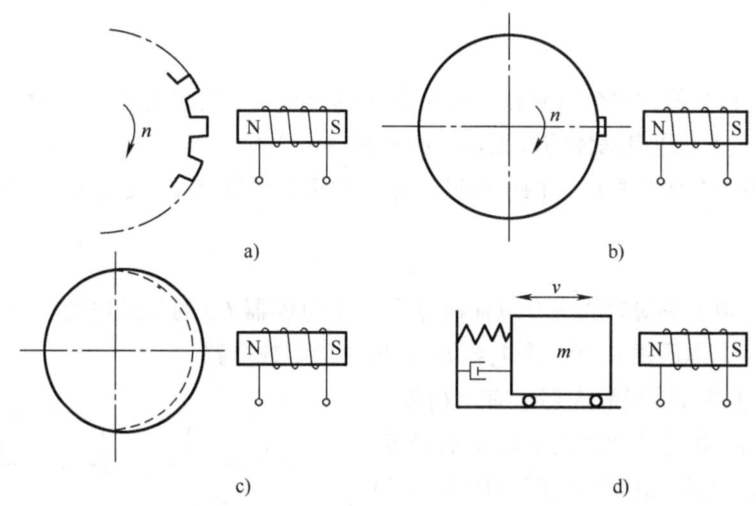

图 3-10　磁阻式传感器的工作原理

a）测频数　b）测转速　c）测偏心量　d）测振动

磁阻式传感器结构简单、使用方便，在不同场合下可用来测频率、转速、偏心量和振动等。变磁通式传感器对环境条件要求不高，能在 -150 ~ 90℃ 的温度下工作，不影响测量精度，也能在油、水雾、灰尘等条件下工作。但它的工作频率下限较高，约为 50Hz，上限可达 100Hz。

6. 压电传感器

（1）工作原理　某些物质的压电效应。它具有正压电效应和逆压电效应两种重要特性。

1）正压电效应。当物质（物体）在机械外力的作用下，发生形变时，其内部发生极化，使得其表面上产生符号相反的电荷，形成电场，当去掉外力后电荷立即消失。这种现象称为压电效应，也叫正压电效应。

2）逆压电效应。如果将这些物质（物体）置于电场中，其几何尺寸也会发生变化，这种由外电场作用导致物质（物体）产生机械变形的现象，称之为逆压电效应，或称之为电致伸缩效应。

在极板上积聚的电荷量 q 与作用力 F 成正比。即

$$q = dF \tag{3-24}$$

极化强度 P 与应力 σ 成正比。

$$P = d\sigma \tag{3-25}$$

式中，d 为压电常数，与材质及切片方向有关。

具有压电效应的物质称为压电材料。常用的压电材料可分为三类：压电晶体、压电陶瓷和有机压电薄膜。

（2）结构组成　在压电元件两个工作面上进行金属蒸镀，形成的金属膜作为两个电极，就构成了压电传感器，如图 3-11 所示。它实质是一个以压电材料为介质的电容器。

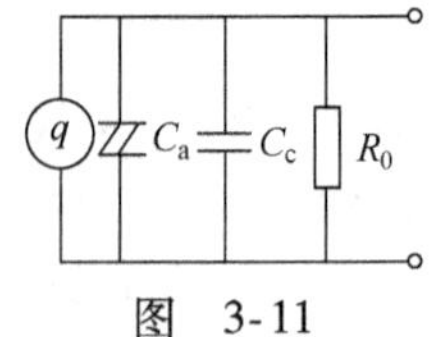

图　3-11

电容量为

$$C_a = \frac{\varepsilon_0 \varepsilon A}{\delta} \tag{3-26}$$

式中，ε 为压电材料的相对介电常数，石英为 $\varepsilon = 4.5\text{F/m}$，钛酸钡为 $\varepsilon = 1200\text{F/m}$；$\delta$ 为晶体切片厚度（m）；A 为压电晶体切片工作面的面积（m^2）。

当压电元件受外力作用时，两表面产生等量的正、负电荷 q，压电元件的开路电压 u_o为

$$u_o = \frac{q}{C_a} \tag{3-27}$$

这样可把压电元件等效为一个电荷源 q 和一个电容器 C_a 的等效电路（见图 3-11），同时也可等效为一个电压源 u_o和一个电容器 C_a 串联的等效电路。

（3）测量电路　前置放大器。有电荷放大器和电压放大器。因电压放大器使用受限较多，故多使用电荷放大器，其等效电路如图 3-12 所示。其作用为放大、阻抗变换。

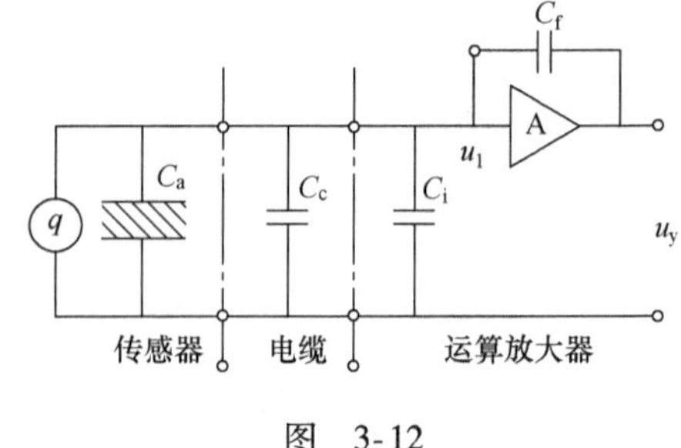

图　3-12

当放大器开环增益 A 足够大时，电路的输出电压为

$$u_y \approx -\frac{q}{C_f} \tag{3-28}$$

（4）压电传感器的特点　固有频率高、工作频带宽、工作稳定、低频响应性能好；还有灵敏度高、信噪比大、体积小、重量轻等优点。

（5）压电传感器应用　测量应力、压力振动的加速度、也用于声、超声和声发射等测量。

7. 热电式传感器

热电式传感器是利用转换元件电磁参量随温度变化的特性，对温度和与温度有关的参量进行检测的装置，分为热电阻传感器、热电偶传感器。

（1）热电阻传感器　热电阻传感器是将温度变化转换为电阻变化的热电式传感器。

1）工作原理。热电阻是基于电阻的热效应进行温度测量的，即电阻体的阻值随温度的变化而变化的特性。因此，只要测量出感温热电阻的阻值变化，就可以测量出温度。

热电阻传感器的主要结构有电阻体、绝缘套管、接线盒等。热电阻大都由纯金属材料制成，目前应用最多的是铂和铜，此外，现在已开始采用镍、锰和铑等材料制造热电阻。

2）种类。目前主要有金属热电阻和半导体热敏电阻两类。

金属热电阻的电阻值和温度一般可以用以下的近似关系式表示，即

$$R_t = R_{t0}[1 + \alpha(t - t_0)] \tag{3-29}$$

式中，R_t为温度 t 时的阻值；R_{t0}为温度 t_0（通常 t_0 =0℃）时对应电阻值；α 为温度系数。

半导体热敏电阻的阻值和温度关系为

$$R_t = AeB/t \tag{3-30}$$

式中，A、B 取决于半导体材料的结构的常数。

3）特点与应用。热电阻是中低温区最常用的一种温度检测器。金属热电阻一般适用于 -200～500℃范围内的温度测量，其特点是测量精度高、稳定性好、性能可靠，在程序控制中的应用极其广泛其中铂热电阻的测量准确度是最高的，它不仅广泛应用于工业测温，而且被制成标准的基准仪。相比较而言，热敏电阻的温度系数更大，常温下的电阻值更高（通常在数千欧以上)，但互换性较差，非线性严重，测温范围只有 -50～300℃左右，大量用于家电和汽车用温度检测和控制。

（2）热电偶传感器　热电偶传感器是将温度变化转换为热电动势变化的热电式传感器。

1）工作原理。热电偶传感器的测温原理是基于热电效应。即将两种电子密度不同的导体或半导体连接成闭合回路，当两个接点处的温度不同时，两者之间将产生热电动势，回路中便有电流通过，这种现象称为热电现象，也称热电效应，又叫塞贝克效应，如图 3-13 所示。闭合回路中产生的热电动势由两种电动势组成：温差电动势和接触电动势。

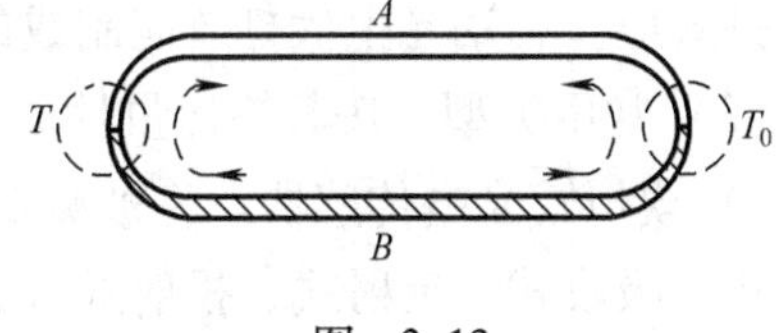

图 3-13

热电动势与温度有一定的函数关系，利用此关系就可测量温度。

$$E_{AB}(T) = \frac{kT}{e}\ln\frac{N_A}{N_B} \tag{3-31}$$

$$E_{AB}(T_0) = \frac{kT_0}{e}\ln\frac{N_A}{N_B} \tag{3-32}$$

式中，k 为波耳兹曼常数；e 为电子的电荷量；T 为接触处温度；N_A、N_B分别为导体 A 和 B 的自由电子密度。

2）主要结构。普通型和铠装型。普通型热电偶传感器一般由热电极、绝缘管、保护套管和接线盒等部分组成，而铠装型热电偶传感器则是将热电偶丝、绝缘材料和金属保护套管三者组合装配后，经过拉伸加工而制成的一种坚实的整体。

3）特点与应用：热电偶传感器是工业上最常用的温度检测元件之一，其优点是测量精度高、测量范围广、构造简单，使用方便。

8. 光电传感器

光电传感器是用光敏元件制成的把光能转换成电能的一种装置。

（1）转换原理　光电效应。光电效应分为两类 3 种，即

$$\text{光电效应}\begin{cases}\text{外光电效应}\\ \text{内光电效应}\begin{cases}\text{光电导效应}\\ \text{光生伏打效应}\end{cases}\end{cases}$$

1）外光电效应。在光的作用下，物体内的电子逸出物体表面，向外发射的现象叫外光电效应。

只有当光子能量大于逸出功时，即 $h\nu > A$ 时，才有电子发射出来，即有光电效应，当光子的能量等于逸出功时，即 $h\nu = A$ 时，逸出的电子初速度为0，此时光子的频率 v_0 为该物质产生外光电效应的最低频率，称为红限频率。

利用外光电效应制成的光电器件有真空光电管、充气光电管和光电倍增管。

2）光电导效应。在光的作用下，电子吸收光子能量从键合状态过渡到自由状态，引起物体电阻率的变化，这种现象称为光电导效应。由于这里没有电子自物体向外发射，仅改变物体内部的电阻或电导，有时也称为内光电效应。与外光电效应一样，要产生光电导效应，也要受到红限频率限制。

利用光电导效应可制成半导体光敏电阻。

3）光生伏打效应。在光的作用下，能够使物体内部产生一定方向的电动势的现象叫光生伏打效应。利用光生伏打效应制成的光电器件有光敏二极管、光敏晶体管和光电池等。

（2）常用类型　按其输出量性质可分为以下两大类：

1）模拟式光电传感器。将被测量转换成连续变化的光电流信号。在工业应用中主要有辐射式、吸收式、反射式、投射式（遮光式）4 种基本形式。

2）开关式光电传感器。将被测量转换成断续变化的光电流信号。主要产品形式有脉冲盘式角度数字编码器、码盘式角度数字编码器、光电式角度编码器。

（3）特点与应用　灵敏度高、体积小、重量轻、性能稳定、抗干扰能力强、价格便宜，可用于检测多种非电量。主要应用于零件或产品的自动记数、光控开关、电子计算机的光电输入设备、光电编码器以及光电报警装置等方面。

9. 光纤传感器

光纤传感器一般可分为两大类：一类是功能型传感器；另一类是非功能传感器。

（1）功能型传感器（Function Fiber Optic Sensor）　又称 FF 型光纤传感器，是利用光纤本身对环境变化敏感的特性，把光纤作为敏感元件，将输入的物理量变换成调制的光信号，所以又称传感型光纤传感器，结构原理如图 3-14a 所示。

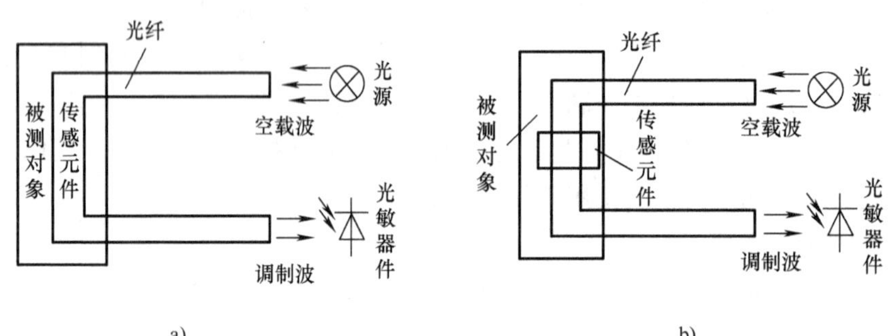

图 3-14　功能型传感器结构原理

a）功能型　b）非功能型

（2）非功能传感器（Non－Function Fiber Optic Sensor） 又称NF型光纤传感器，是利用其他敏感元件感受被测量的变化，光纤仅作为光的传输介质，用以传输来自远处或难以接近场所的光信号，因此，也称传光型光纤传感器，结构原理如图3-14b所示。

（3）特点与应用 光纤传感器是20世纪70年代发展起来的新型传感技术，与常规传感器相比，有很多优点：

1）抗电磁干扰能力强。光纤主要由电绝缘材料做成，工作时利用光子传输信息，因而不怕电磁场干扰；此外，光波易于屏蔽，外界光的干扰也很难进入光纤。

2）光纤直径只有几微米到几百微米。而且光纤柔软性好，可深入到机器内部或人体弯曲的内脏等常规传感器不宜到达的部位进行检测。

3）光纤集传感与信号传输于一体，利用它很容易构成分布式传感测量。

光纤传感器的优点突出，发展极快。现已研制出多种光纤传感器，被测量遍及位移、速度、加速度、液位、应变、力、流量、振动、水声、温度、电流、电压、磁场和化学物质等。

10. 半导体传感器

半导体传感器是利用半导体材料的各种物理、化学和生物学特性制成的传感器。利用被测量来改变半导体内载流子数目，就可以构成以半导体为敏感元件的各种传感器。

（1）分类 按输入信息分为物理敏感、化学敏感和生物敏感半导体传感器三类。

在机械工程上使用的大多为物理敏感和化学敏感半导体传感器。

1）物理敏感半导体传感器 是将物理量转换成电信号的器件，按敏感对象分为磁敏、热敏、力敏、光敏等类型，具有类似于人的视觉、听觉和触觉的功能。这类传感器主要基于电子作用过程，原理较为简单，应用比较普遍。它们与微处理机相配合，能构成遥控、光控、声控、工业机器人和全自动化装置。

2）化学敏感半导体传感器 是将化学量转换成电信号的器件，按敏感对象可分为气敏、湿敏、离子敏感等类型，具有类似于人的嗅觉和味觉的功能。这类传感器主要基于离子作用过程，原理较为复杂，研制较难，但有广阔的应用前景。通常利用的化学反应有氧化还原反应、光化学反应、离子交换反应、催化反应和电化学反应（固体电解质浓淡电池反应）等。

（2）转换原理

1）磁敏传感器。磁敏传感器是基于磁电转换原理的传感器。利用磁敏特性工作的传感器主要有霍尔元件、磁阻元件和磁敏管等。

✧ 霍尔元件：利用霍尔效应实现磁电转换的半导体器件，用其制成的传感器是一种将被测量转换成电动势的转换装置。

霍尔效应：通过电流的半导体在垂直电流方向的磁场作用下，在与电流和磁场垂直的方向上形成电荷积累和出现电势差的现象。

霍尔电动势为

$$V_H = k_B iB\sin\alpha \tag{3-33}$$

改变B或i，就可以改变V_H值。运用这一特性，就可以把被测量参数转换为电压量的变化。

结构特点：霍尔元件由霍尔片、4根引线和壳体组成，霍尔片是一块半导体单晶薄片，如图3-15所示。它结构简单、体积小、频带宽、动态特性好、寿命长，可以测量角位移、线位移、加速度、转速等，还可用于零件计数和压力测量。

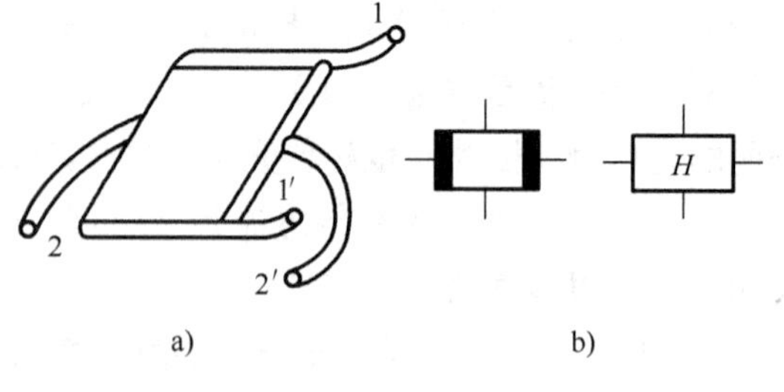

图3-15 霍尔片

a）外形结构示意图 b）图形符号

✧ 磁阻元件：是利用磁阻效应制成的一种磁敏元件。

磁阻效应：当载流导体置于磁场中，其电阻会随磁场而变化的现象称为磁阻效应。

磁阻效应方程为

$$\rho_B = \rho_0(1 + 0.273\mu^2 B^2) \tag{3-34}$$

电阻率的相对变化为

$$\frac{\Delta\rho}{\rho_0} = 0.273\mu^2 B^2 = K\mu^2 B^2 \tag{3-35}$$

磁敏电阻的应用非常广泛，除了用它做成探头、配上简单线路可以探测各种磁场外，在测量方面还可制成位移检测器、角度检测器、功率计、安培计等。此外，还有可用磁敏电阻制成交流放大器、振荡器等。

✧ 磁敏管有磁敏二极管和磁敏晶体管。

磁敏二极管和磁敏晶体管是PN结型的磁电转换器件。其工作原理是在磁场强度的变化下，磁敏管中的电流会发生变化，进而实现磁电转换。

磁敏管的特点及应用：输出信号大、灵敏度高（磁灵敏度比霍尔元件高数百甚至数千倍）、工作电流小、能识别磁场的极性、体积小、电路简单等，它们比较适合磁场、转速、探伤等方面的检测和控制。

2）热敏传感器。一般随温度的上升，半导体中载流子浓度增加、电阻降低。利用这种效应可以制成热敏电阻。热敏电阻是一种广泛用于温度测量的热敏传感器常用的热敏电阻为陶瓷热敏电阻，分为负温度系数（NTC）热敏电阻、正温度系数（PTC）热敏电阻和临界温度电阻（CTR）。一般热敏电阻指NTC热敏电阻。相对于一般的金属热电阻而言，它主要有如下特点：电阻温度系数大，灵敏度高；结构简单，体积小，可以测量点温度；电阻率高，热惯性小，适宜动态测量；非线性误差大；对环节温度敏感，易受干扰，稳定性差。

3）气敏传感器。是利用半导体与气体接触时其电阻值或功函数会随着气体的浓度发生变化这一特性检测气体的装置。常用气敏传感器有气敏电阻和气敏二极管两种。

气敏电阻采用SnO_2、ZnO等金属氧化物材料制成，有多孔烧结件、厚膜、薄膜等形式。可检测甲烷、丙烷、氢、一氧化碳等还原性气体，氧、二氧化氮等氧化性气体，具有强吸附力的胺类和水蒸气等。

气敏二极管是利用气体吸附和反应时引起整流特性发生变化来检测气体的。在防灾、环境保护、节能、工程管理、自动控制等方面有广泛的应用。

4）湿敏传感器。当半导体表面或界面吸附气体分子或水分子时，半导体表面或界面的能带发生变化半导体材料会随着环节湿度的增大而阻值减小。利用这种半导体电阻的变化可检测气体或湿度。半导体湿度传感器具有体积小、重量轻的特点，用于室内空调器，可精密控制湿度，与微型计算机结合能自动去湿、节省电能，还可用于医药、合成纤维工厂中存在有机物蒸气时的湿度测量。

5）固态图像传感器。电荷耦合器件（Charge Coupled Devices，CCD），是一种大规模集成电路光电器件，是在MOS集成电路技术基础上发展起来的新型半导体传感器。

结构原理：在半导体硅片上按线阵或面阵排列MOS单元，当照射在这些光敏器件上的是一幅明暗变化的图像时，在这些光敏器件就能感应出一幅与光照强度相对应的光生电荷图像。

主要特点和用途：非接触检测、响应快、可靠性高、维修方便、测量精度高、体积小、重量轻、容易与计算机连接。但易受被测物体以外的光的影响。通常用于检测物位、尺寸、形状、工件损伤等；作为光学信息处理的输入环境，如摄影（数码相机）和电视摄像（数码摄像机）、传真技术、光学文字识别技术（条形码扫描仪）和图像识别技术中的输入环节；作为自动生产过程中的控制敏感元件。

（3）特点及应用　灵敏度高、响应速度快、体积小、重量轻、便于集成化、智能化，能使检测转换一体化。主要应用领域是工业自动化、遥测、工业机器人、家用电器、环境污染监测、医疗保健、医药工程和生物工程。

3.2.3 传感器选用原则

传感器的选用主要考虑灵敏度、响应特性、线性范围、稳定性、准确度、测试方式等方面。

传感器的选用总原则是在保证工作可靠、性能满足使用要求的前提下，尽量选择较低的指标，以提高技术经济性。

3.2.4 难点分析

与传感器相关学科知识及不同种类传感器的测量电路是本章学习的难点。

3.3 典型题解析

【例3-1】 磁电式速度传感器结构如图3-16所示（教材图3-32a）所示。设线圈平均直径$D=25\text{mm}$，气隙中磁感应强度$B=6000\text{Gs}$（高斯），希望传感器的灵敏度$S=600\text{mV}/(\text{cm/s})$，试求线圈匝数$W=?$

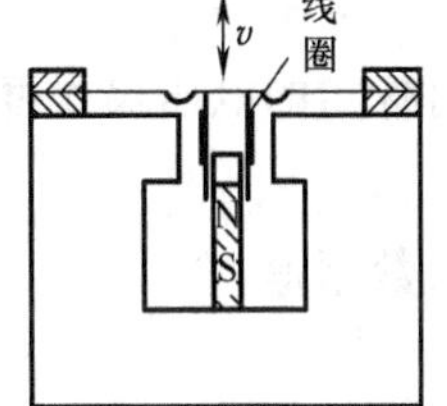

图3-16　例3-1图

解：根据式（3-22b）有$e=WBlv$

传感器的速度灵敏度为$S=\dfrac{e}{v}$，故$W=\dfrac{S}{Bl}$。

将各已知量换算成国际单位为

$$S=600\text{mV}/(\text{cm/s})=60\text{V}/(\text{m/s})$$
$$B=6000\text{Gs}=0.6\text{T}$$
$$D=25\text{mm}=0.025\text{m}$$
$$l=\pi D=0.025\pi \quad \text{m}$$

代入计算得 $$W=\frac{60}{0.6\times0.025\pi}=1273\ 匝$$

解题要点：熟悉物理学中电磁感应原理、国际单位的换算关系、磁电传感器的转换关系、灵敏度定义。

【例 3-2】 压电式加速度计的固有电容 C_a，电缆电容 C_C，输出电压灵敏度 $S_a=\frac{u_o}{a}$（a 为输入加速度），输出电荷灵敏度为 $S_q=\frac{q}{a}$。要求：

（1）试推导电压灵敏度与电荷灵敏度之间的关系。

（2）现已知 $C_a=1000\text{pF}$，$C_C=100\text{pF}$，此时标定的电压灵敏度 $S_a=100\text{mV/g}$（g 为重力加速度），求电荷灵敏度 S_q。若改接 $C'_C=300\text{pF}$ 的电缆，求电压灵敏度 S'_a。此时电荷灵敏度有什么变化？等效电路如图 3-17 所示。

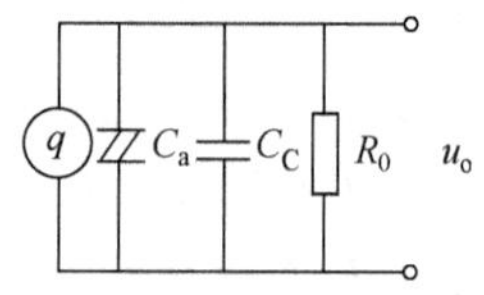

图 3-17 例 3-2 图

解：（1）压电传感器输入加速度为 a 时产生电荷为 q，其开端电压（不计电缆电容时）为

$$u_o=\frac{q}{C_a}$$

则电荷灵敏度（单位输入产生的电荷量）为

$$S_q=\frac{q}{a} \quad ①$$

电压灵敏度（单位输入产生的电压值）为

$$S_a=\frac{u_o}{a}=\frac{1}{C_a}\times\frac{q}{a}=\frac{S_q}{C_a}$$

所以

$$S_q=C_aS_a \quad ②$$

（2）若传感器接入电缆，$C_C=100\text{pF}$，而 $C_a=1000\text{pF}$，则总电容为

$$C=C_a+C_C=1100\text{pF}$$

此时标定的电压灵敏度 $S_a=100\text{mV/g}$，则式②可改写成

$$S_q=CS_a \quad ③$$

代入数据得

$$S_q=1100\times10^{-12}\times100\times10^{-3}\text{F/g}=110\times10^{-12}\text{F/g}$$

所以 $$S_q=110\text{pF/g}$$

若改接电缆 $C'_C=300\text{pF}$，则总电容为 $C'=1300\text{pF}$，而传感器输出总电荷不变，$q=CS_aa$。

则电压灵敏度为

$$S'_a = \frac{CS_a a}{C'a} = \frac{1100 \times 100}{1300}\text{mV/g} = 84.6(\text{mV/g})$$

解题要点：由于总电荷不变，故电荷灵敏度不变。此例说明，压电传感器出厂时配接专用电缆（C_C）并相应标定电压灵敏度 S_a，若使用时更换电缆长度或类型，C_C发生变化，则实际 S_a与出厂标定值不同，必须重新标定。而电荷灵敏度不变，但必须采用价格较贵的电荷放大器，使用和标定时予以注意。

【例 3-3】 有一霍尔元件，其灵敏度 $K_H = 1.2\text{mV/mA} \cdot \text{kGs}$，把它放在一个梯度是 5kGs/mm 的磁场中，如果额定控制电流是 20mV，设霍尔元件在平衡点附近作 ±0.01mm 的摆动，问输出电压可达到多少毫伏？

解：由霍尔元件工作原理——霍尔效应可知，在梯度变化的磁场中，霍尔元件输出为霍尔电动势。

根据题意可知 $K_H = k_B$，通过直流 I，$\alpha = 0$，故霍尔元件输出电动势为

$$V_H = K_H IB$$

对于梯度磁场，单位长度上磁场强度的变化量为 $\mathrm{d}B/\mathrm{d}l$，当霍尔元件移动量为 Δl 时，磁场强度的变化量为 $\Delta B = \frac{\mathrm{d}B}{\mathrm{d}l}\Delta l$，由此引起霍尔元件输出电动势的变化量为 ΔV_H，即

$$\Delta V_H = K_H I \frac{\mathrm{d}B}{\mathrm{d}l}\Delta l = 1.2 \times 20 \times 5 \times (\pm 0.01)\text{mV} = 120 \times (\pm 0.01)\text{mV} = \pm 1.2\text{mV}$$

解题要点：注意霍尔效应原理中磁场是变化量，并结合实际应用加以理解。此例中梯度磁场是指磁场强度按逐级等量增加变化的磁场。

3.4 复习思考题

1. 线绕式电位器位移传感器的分辨率由什么因素决定？

2. 金属应变片与半导体应变片的灵敏度哪一个高？若二者的应变相同并都接入相同的直流单臂半桥电路，试问哪一种应变片输出电压的非线性高？为什么？

3. 调频式电涡流位移传感器，当被测对象金属板靠近线圈端面时（即位移减小），据原理分析调频振荡频率是增高还是降低？为什么？

4. 电容传感器与电路之间用连接电缆，其分布电容及其变化是否影响传感器工作性能及稳定性，如何加以解决？

5. 采用运算放大器式电路的电容传感器（见教材图 3-19），教材上式（3-22）表明传感器输出电压 u_y与位移 δ 呈线性关系，试问其线性范围有无限制，受哪些条件限制？

6. 压电传感器作静态或准静态量测量时主要存在什么困难？

7. 磁电式传感器中，如将线圈固定在传感器壳体内，使磁铁产生相对运动而输出电动势，这种设想能否实现？请画出结构示意图。

3.5 习题解答

3-1 在机械式传感器中，影响线性度的主要因素是什么？试举例说明。

解：主要因素是弹性敏感元件的蠕变、弹性后效等。例如机械式台秤中的弹簧等。

3-2 试举出你所熟悉的5种传感器，并说明它们的变换原理。

解：

弹簧秤：在物体的作用下，弹簧拉伸（压缩）变形，带动表盘指针转动，所指刻度即为物体的重量。

电阻应变片：在被测量作用下，应变片发生机械形变，其电阻值发生变化。

电容位移感器：当被测量使δ参数发生变化时，将引起传感器电容C的变化，经过后续测量电路可将电容变化转换成电压或电流变化。

涡流位移探测头：将探测头的线圈靠近转动轴，线圈通电后，产生高频磁场，轴的表面在磁场的作用下，产生涡流，同时，涡流也产生磁场，该磁场抵消线圈磁场，影响线圈的等效阻抗，等效阻抗与线圈的电感有关，因此测得轴的位移。

光电转速传感器：将转盘安装在转轴上，指示盘和转盘具有相同间距的缝隙，使光源通过缝隙照射到光敏器件上，当转轴带动转盘转动时，经过转盘的透光和遮光的变换，光线就产生明暗变化，使光敏器件发生感光的变化，经过测量电路的处理，便产生相应数量的电脉冲信号，用频率计记录脉冲数，便可计算出轴的转速。

3-3 电阻丝应变片与半导体应变片在工作原理上有何区别？各有何优缺点？应如何针对具体情况来选用？

解：电阻丝应变片主要利用形变效应进行工作，半导体应变片利用压阻效应工作。

电阻丝应变片的主要优点是性能稳定、线性误差小；主要缺点是灵敏度低、横向效应大。

半导体应变片的主要优点是灵敏度高、机械滞后小、横向效应小；主要缺点是温度稳定性能差、灵敏度离散度大、非线性大。

选用时要综合考虑测量精度、使用场合、灵敏度要求等情况。

3-4 有一电阻应变片（见图3-18，教材图3-84），其灵敏度$S_g=2$，$R=120\Omega$，设工作时其应变为$1000\mu\varepsilon$。问$\Delta R=$？设将此应变片接成图中所示的电路，试求：1）无应变时电流表示值；2）有应变时电流表示值；3）电流表相对变化量；4）试分析这个变量能否从表中读出。

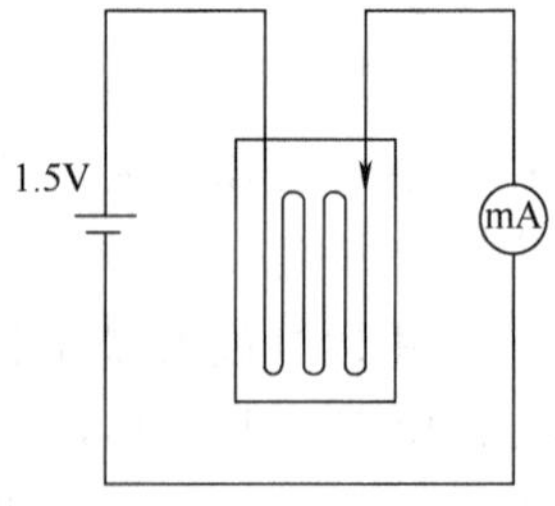

图3-18 题3-4图

解：根据应变效应表达式

$$\frac{dR}{R}\approx\frac{\Delta R}{R}=S_g\varepsilon$$

则

$$\Delta R=S_g\varepsilon R=2\times1000\times10^{-6}\times120\Omega=0.24\Omega$$

1) $I_1 = \frac{E}{R} = \frac{1.5}{120}\text{A} = 0.00125\text{A} = 12.5\text{mA}$

2) $I_2 = \frac{E}{R + \Delta R} = \frac{1.5}{120 + 0.24}\text{A} \approx 0.0012475\text{A} \approx 12.475\text{mA}$

3) $\delta = \frac{\Delta I}{I_1} \times 100\% = \frac{I_2 - I_1}{I_1} \times 100\% = \frac{12.475 - 12.5}{12.5} \times 100\% = -0.2\%$

4) 由于电流的变化量太小，所以很难从电流表中读出来。因为电路中的电流值是毫安级（比较大），用毫安表读0.025mA的变化量，则表的分辨率不够。若改用微安表测量，则量程不够，无法测量12.5mA的电流值。一般需要采用电桥电路来测量，将无应变时电路的输出电流调零，只取有应变时的微小输出量ΔI，再根据需要对ΔI进行适当放大，便可从毫安表中读出电流的变化量。

3-5 电感传感器（自感型）的灵敏度与哪些因素有关？要提高灵敏度可采用哪些措施？采用这些措施会带来什么样的后果？

解：以可变磁阻式为例分析。根据自感型传感器的灵敏度表达式

$$S = \frac{dL}{d\delta} = -\frac{N^2\mu_0 A_0}{2\delta^2}$$

又因为线圈阻抗$Z = \omega L$，所以灵敏度又可写成

$$S = \frac{dZ}{d\delta} = -\frac{N^2\mu_0 A_0 \omega}{2\delta^2}$$

由上式可知，该传感器的灵敏度与磁路的横截面积A_0、线圈匝数N、电源的角频率ω、铁心的磁导率μ_0、气隙δ有关。可用增大磁路的横截面积A_0、线圈匝数N、电源的角频率ω、铁心的磁导率μ_0，或减小气隙δ来提高传感器的灵敏度。电源的频率通常不能任意改变，当线圈材料选定之后，磁导率μ_0是不变的。若增大磁路的横截面积A_0、线圈匝数N会使传感器的尺寸和重量加大，这样会影响传感器的动态特性。若减小气隙δ将会增大传感器的非线性误差。

3-6 电容式、电感式、电阻应变式传感器的测量电路有何异同？举例说明。

解：

电容式传感器的测量电路：
- 调幅电路（电桥电路、谐振电路）
- 调频电路
- 直流极化电路
- 运算放大电路

电感式传感器的测量电路：
- 调幅电路（谐振电路、电桥电路）
- 调频电路
- 调相电路

电阻应变片传感器测量电路：电桥电路。

相同点：3种传感器的测量电路都可以使用电桥电路。电容式和电感式传感器还都可使用调幅谐振电路与调频电路。

不同点：电阻应变片既可使用直流电桥也可使用交流电桥，而电容式和电感式传感器不能使用直流电桥，另外电容式和电感式传感器的测量电路种类多。

3-7　一个电容测微仪传感器的圆形极板半径 $r=4\text{mm}$，工作初始间隙 $\delta=0.3\text{mm}$，问：1）工作时，如果传感器与工件的间隙变化量 $\Delta\delta=\pm1\mu\text{m}$ 时，电容变化量是多少？2）如果测量电路的灵敏度 $S_1=100\text{mV/pF}$，读数仪表的灵敏度 $S_2=5$ 格/mV，在 $\Delta\delta=\pm1\mu\text{m}$ 时，读数仪表的指示值变化多少格？

解：1）根据公式 $\mathrm{d}C\approx\Delta C=-\dfrac{\varepsilon\varepsilon_0 A\Delta\delta}{\delta^2}=-\dfrac{1\times8.85\times10^{-12}\times\pi\times r^2\times(\pm1\times10^{-6})}{(0.3\times10^{-3})^2}\text{F}$

$$=\pm4.94\times10^{-15}\text{F}=\pm4.94\times10^{-3}\text{pF}$$

2）$\Delta n=S_1S_2\Delta C=100\times5\times(\pm4.94\times10^{-3})$格$\approx\pm2.47$ 格

3-8　把一个变阻器式传感器按图3-19（教材图3-85）接线，它的输入量是什么？输出量是什么？在什么样条件下它的输出量与输入量之间有较好的线性关系？

解：输入量是电刷相对电阻元件的位移 x，输出量为电刷到端点电阻 R_x。如果接入分压式测量电路，则输出量就是电压 u_o。

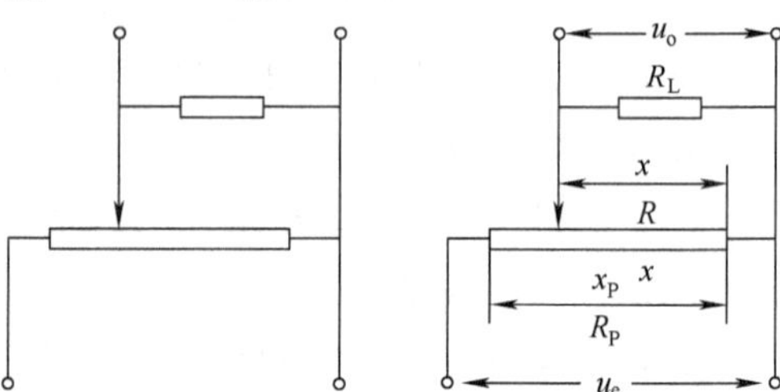

图3-19　题3-8图

因为 $R_x=\dfrac{x}{x_P}R_P=k_1x\propto x$，输出电阻与输入位移呈线性关系。$u_o=\dfrac{u_e}{\dfrac{x_P}{x}+\dfrac{R_P}{R_L}\left(1-\dfrac{x}{x_P}\right)}=\dfrac{\dfrac{x}{x_P}u_e}{1+\dfrac{R_P}{R_L}\dfrac{x}{x_P}\left(1-\dfrac{x}{x_P}\right)}$，输出电压与输入位移呈非线性关系。由此可见，只有当 $R_P/R_L\to0$ 时，才有 $u_o=\dfrac{x}{x_P}u_e\propto x$。所以要求后续测量仪表的输入阻抗 R_L 要远大于变阻器式传感器的电阻 R_P，只有这样才能使输出电压和输入位移有较好的线性关系。

3-9　设按接触式与非接触式区分传感器，列出它们的名称、变换原理，用在何处？

解：

分类	名称	变换原理	用　途
接触式	变阻器式传感器	电阻特性 $R=\rho\dfrac{L}{A}$	测线位移、角位移、加速度等
	电阻应变式传感器	压阻效应	测力、应变、位移、加速度、扭矩等
	电容式传感器	电容特性 $C=\dfrac{\varepsilon_0\varepsilon A}{\delta}$	测位移、厚度、温度、湿度、液位等
	电感式传感器	自感或互感	测位移、振动、转速、厚度等
	磁电式传感器	电磁感应	测速度、加速度、偏心量、振动等
	压电式传感器	压电效应	测应力、压力、振动的加速度、声、超声、声发射等
	热电式传感器	热电效应	主要测温度
	热敏传感器	半导体的热敏特性	测温度。用于测量仪器、自动控制系统、自动检测系统
	气敏传感器	半导体的气敏特性	测一氧化碳、乙醇、甲烷、异丁烷、氢等气体
	湿敏传感器	半导体的湿敏特性	测湿度

（续）

分类	名称	变换原理	用　途
非接触式	涡流传感器	涡流效应	测径向摆动、回转误差、转速、厚度、计数、表面裂纹等
	光电式传感器	光电效应	多种非电量测量。如转速、频率等
	霍尔传感器	霍尔效应	测微位移、微压、压差、高度、加速度、振动、断丝等
	固态图像传感器	将光像分成像素转换成电信号	测物位、尺寸、形状、工件损伤、摄影、摄像、文字识别、图像识别以及用于自动控制系统等

3-10　欲测量液体压力，拟采用电容式、电感式、电阻应变式和压电式传感器，请绘出可行方案的原理图，并做比较。

解：方案有多种。图略。

3-11　一压电式传感器的灵敏度 $S=90\text{pC/MPa}$，把它和一台灵敏度调到 0.005V/pC 的电荷放大器连接，放大器的输出又接一灵敏度已调到 20mm/V 的光线示波器，试绘出这个测试系统的框图，并计算其总灵敏度。

解：框图为 压力p → 压力传感器 → 电荷放大器 → 光线示波器

各装置串联，如果忽略负载效应，则总灵敏度 S 等于各装置灵敏度的乘积，即

$$S=\Delta x/\Delta p=(90\times 0.005\times 20)\ \text{mm/MPa}=9\text{mm/MPa}$$

3-12　光电传感器包含哪几种类型？各有何特点？用光电传感器可以测量哪些物理量？

解：因光源对光电元件作用方式不同而确定的光学装置是多种多样的，按其输出量信号可分为开关型和模拟型。按光与电的转换原理可划分为利用外光电效应工作的光电传感器、利用内光电效应工作的光电传感器、利用光生伏打效应工作的光电传感器 3 种。

外光电效应（也称光电子发射效应）：光线照射物体，使物体的电子逸出表面的现象，包括光电管和光电倍增管。

内光电效应（也称光导效应）：物体受到光线照射时，物体的电子吸收光能使其导电性增加，电阻率下降的现象，有光敏电阻和由其制成的光导管。

光生伏打效应：光线使物体产生一定方向的电动势。

光电传感器可以测量色差、温度、尺寸、振动、转速、数量、物位、液位、流量、气体的透明度、浑浊度、表面粗糙度等物理量。

目前光电传感器的应用范围很广，如遥控器、自动门、光电鼠标、照相机自动测光计、光度计、光耦合器、光电计数器、光电测位仪、光电行程开关、浑浊度检测计、火灾报警、光电阅读器、光纤通信、光电色差识别、光电防盗器、亮度自动调节器、光电指纹识别器、光电控制器、音乐石英钟控制、自动烘干机、冲水机等。在 CCD 图像传感器、红外成像仪、光纤传感器、激光传感器等方面都得到了广泛应用。

3-13　何谓霍尔效应？其物理本质是什么？用霍尔传感器可以测量哪些物理量？

解：霍尔效应：金属或半导体薄片置于磁场中，当电流流过薄片时，则在垂直于电流和磁场方向的两侧面上将产生电位差，这种现象称为霍尔效应，产生的电位差称为霍尔电

动势。

霍尔效应的物理本质：运动电荷在磁场中受到洛仑兹力 F_L作用，将向垂直于磁场和运动方向的一边偏转，并在两侧面形成极性相反的电荷积累，形成电场。该电场力 F_E与洛仑兹力 F_L方向相反，当 F_E与 F_L相等时，电荷的积累达到动态平衡，构成的电场称为霍尔电场，由此产生霍尔电动势。

霍尔传感器可测量的物理量有电流、位移、磁感应强度、压力、频数、转速、流量；还可用于检测零件位置和工件探伤等，例如电子点火器、无刷电动机等。

3-14 试说明压电式加速度计、超声换能器、声发射传感器之间的异同点。

解：相同点：都是利用材料的压电效应工作的。

不同点：压电式加速度计是利用正压电效应，通过惯性质量块将振动加速度转换成力作用于压电元件，产生电荷；超声换能器用于电能和机械能的相互转换，它是利用正、逆压电效应工作的；声发射传感器是基于晶体组件的压电效应，将声发射波所引起的被测物体表面振动量转换成电压信号。通常被称为声发射换能器或声发射探头。声发射传感器不同于压电式加速度计，它受应力波作用时，使压电晶片自身的谐振变形把被测物体的振动物理量转换成电量输出。

3-15 有一批涡轮机叶片，需要检测是否有裂纹，请举出两种以上的方法，并阐明所用传感器的工作原理。

解：可用涡流传感器、霍尔传感器、红外辐射热探测器进行检测。

涡流传感器测裂纹原理：是基于涡流效应实现裂纹检测的。其原理是将叶片置于磁场中，用励磁线圈使叶片构件内产生涡电流，如果叶片上有裂纹，将使涡流传感器线圈的阻抗发生变化，进而引起涡电流的变化，借助探测线圈测定涡电流的变化量，从而获得叶片构件裂纹的有关信息。

霍尔传感器测裂纹原理：基于霍尔效应实现裂纹的检测。其原理是将叶片置于磁场中，当叶片上有裂纹时，在裂纹处出现漏磁场，它引起霍尔元件的磁感应强度的变化，导致了霍尔电动势的变化，所以霍尔传感器通过漏磁场获得一个电压信号，此信号通过后续电路的处理输出裂纹信息。

红外辐射热探测器测裂纹原理：利用红外辐射引起探测元件的温度变化，进而测定所吸收的红外辐射量，来判断叶片上是否有裂纹。

3-16 说明用光纤传感器测量压力和位移的工作原理，指出其不同点。

解：微弯式光纤传感器测位移的原理：光纤在被测位移量的作用下，产生微小弯曲变形，导致光纤的导光强度发生变化。例如用两块波纹板将光纤夹住，被测位移量通过两波纹板使光纤弯曲变形，以改变其导光性能。

微弯式光纤传感器测压力原理：被测压力作用到一个弹性敏感元件上，引起的弹性变形将产生一个位移，该位移通过波纹板使光纤变形，从而引起光纤传递的光强度的变化。

不同点：测压力还需要一个弹性敏感元件将压力转换成位移。

3-17 说明红外遥感器的检测原理。为什么它在空间技术中有广泛应用？举出实例说明。

解：红外遥感器是用来远距离检测地物和环境所辐射或反射的红外波段电磁波的仪器。在空间技术中，利用飞船、航天飞机、卫星等携带的红外遥感器可以实现许多对地、对空的观测任务，例如观测星系、研究地壳断层分布、分析地震前兆、卫星观测海洋等。这类遥感器已用在气象卫星、陆地卫星和海洋卫星上，用以获取昼夜云图、洋面温度、土地利用、植被、地质和水文等遥感资料。

3-18 试说明固态图像传感器（CCD 器件）的成像原理，怎样实现光信息的转换、存储和传输过程，在工程测试中有何应用?

解：CCD 器件的成像原理：MOS 光敏元件或光敏二极管等将光信息转换成电荷存储在 CCD 的 MOS 电容中，然后在控制信号的控制下将 MOS 电容中的光生电荷转移出来。

应用：如冶金行业中各种管、线、带材轧制过程中的尺寸测量，光纤及纤维制造中的丝径测量，产品分类及表面质量评定，文字与图像的识别和传真，空间遥感，光谱测量等。

3-19 在轧钢过程中，需监测薄板的厚度，宜采用哪种传感器？说明其原理。

解：可实现板厚度测量的传感器有差动变压器、涡流式传感器、光电传感器、射线式传感器等。

原理：见题 3-9 答案。

3-20 试说明激光测长、激光测振的测量原理。

解：利用激光干涉测量技术进行测量。

激光传感器工作时，先由激光二极管对准目标发射激光脉冲。经目标反射后激光向各方向散射，部分散射光返回到传感器接收器，被光学系统接收后成像到雪崩光敏二极管上。雪崩光敏二极管是一种内部具有放大功能的光学传感器，因此它能检测极其微弱的光信号，记录并处理从光脉冲发出到返回被接收所经历的时间，即可测定目标距离。

3-21 选用传感器的基本原则是什么？试举一例说明。

解：在选择传感器时应该综合考虑 7 个方面的问题：灵敏度、响应特性、线性范围、可靠度、准确度、测量方法、其他（体积、重量、价格等）。总的原则是经济适用。举例略。

第 4 章　信号的调理与记录

4.1　学习要求及学习方法

1）掌握中间变换电路如电桥电路、调制解调器、模拟滤波器的工作原理及应用。

2）掌握信号的放大及测试信号的显示与记录的原理和方法。

3）学习方法上，对于调制电路，着重理解不同调制方法的特点以及在应用中的优缺点，对波形的变化及信息的传递方式要细心体会。对滤波器主要了解其频率特性的不同类型和应用领域，滤波特性的测试方法，学会选用有源滤波器结构参数。

4.2　学习要点与难点分析

4.2.1　电桥电路

（1）定义　电桥是将电阻、电感、电容等参量的变化转换为电压或电流输出的一种测量电路。

（2）工作原理　利用 4 个桥臂中的一个或数个的阻值变化而引起电桥输出电压的变化。

（3）特点　电桥电路简单可靠，精度和灵敏度都很高，应用广泛。

（4）分类　电桥按其所采用的激励电源的类型可分为直流电桥与交流电桥；按其工作原理可分为偏值法和归零法两种。根据桥臂阻抗性质的不同分为电阻电桥、电容电桥、电感电桥等。

1）直流电桥的结构如图 4-1 所示，采用直流电源，只用于测量电阻 R 的变化。直流电桥的平衡条件为

$$R_1R_3 = R_2R_4 \tag{4-1}$$

可表述为相对两桥臂的电阻乘积相等。该条件与电源电压 U_e 无关。

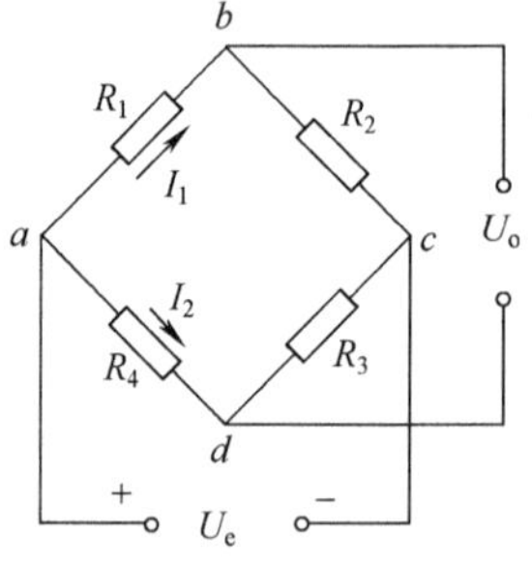

图 4-1　直流电桥的结构

直流电桥的连接形式。电桥中按电阻值参与变化的桥臂数可以分为半桥单臂、半桥双臂和全桥，如图 4-2 所示。

在输出开路时其输出特性分别如下：

① 半桥单臂连接（见图 4-2a）

$$U_o = \frac{\Delta R}{4R_0}U_e \tag{4-2}$$

结果说明：U_o与 U_e成正比，为提高输出可提高电桥电压 U_e；U_o与 $\Delta R/R_0$ 近似呈线性

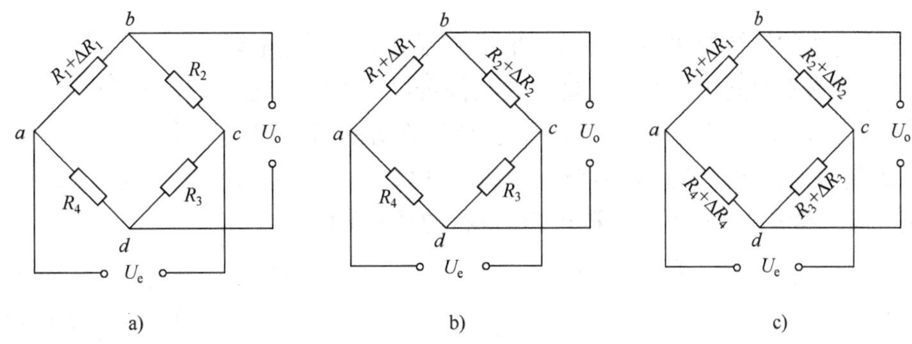

图4-2 直流电桥的连接形式

关系，但存在非线性误差，$\Delta R/R_0$ 越大则非线性误差越大。

② 半桥双臂连接（见图4-2b）

$$U_o=\frac{\Delta R}{2R_0}U_e \tag{4-3}$$

结果说明：U_o与 $\Delta R/2R_0$ 呈线性关系，且输出电压灵敏度比单臂半桥提高一倍。当然U_o也与 U_e成正比。这种连接还可以对两个工作电阻因温度变化而引起的温度误差起补偿作用，是一种较常用的桥路。

③ 全桥接法（见图4-2c）

$$U_o=\frac{\Delta R}{R_0}U_e \tag{4-4}$$

结果说明：电桥输出电压灵敏度最高，且 U_o与 $\Delta R/R_0$ 呈线性关系。电阻传感器接入电桥时要注意，电桥相对两臂应接入电阻变化（ΔR）符号相同的元件，相邻两臂则接入电阻变化（ΔR）符号相反的元件，以提高输出灵敏度和进行某些温度补偿。

定义电桥的灵敏度为

$$S=\frac{U_o}{\Delta R/R} \tag{4-5}$$

则有单臂电桥㊀的灵敏度为

$$S=\frac{U_o}{4} \tag{4-6}$$

双臂电桥㊁的灵敏度为

$$S=\frac{U_o}{2} \tag{4-7}$$

全桥的灵敏度为

$$S=U_o \tag{4-8}$$

结论：电桥的接法不同，灵敏度不同，全桥接法可获得最大灵敏度。

直流电桥的和差特性：相邻两桥臂电阻同向变化，产生的输出电压的变化将相互抵消；相邻两桥臂电阻异向变化，产生的输出电压的变化将增倍。

㊀ 在国标中称为惠斯顿电桥。

㊁ 在国标中称为开尔文电桥。

2）交流电桥的结构如图 4-3 所示，采用交流电源，测量电阻 R、电容 C、电感 L 的变化。即接入桥臂的元件可以是电阻，也可以是电感、电容以及它们某种形式的组合。所以在分析桥路时要用复阻抗 Z 代替电阻 R，并且采用交流电源（通常为 5 ~ 10kHz）代替直流电源。参考式（4-1）可求出交流电桥的平衡条件为

$$Z_1Z_3 = Z_2Z_4 \tag{4-9}$$

或写成

$$\begin{cases} Z_{01}Z_{03} = Z_{02}Z_{04} \\ \varphi_1 + \varphi_3 = \varphi_2 + \varphi_4 \end{cases} \tag{4-10}$$

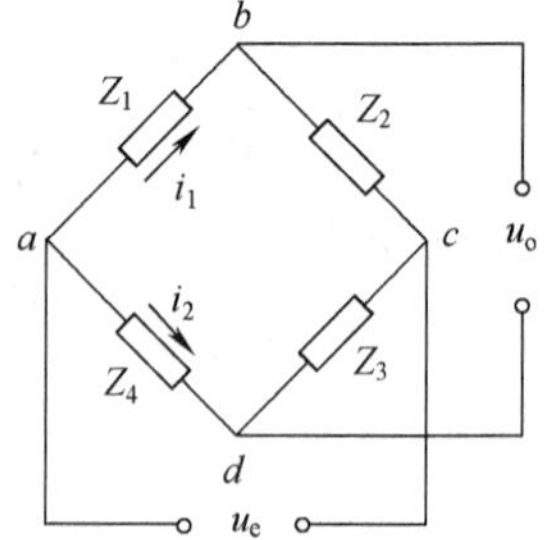

图 4-3　交流电桥的结构

式（4-10）可表述为相对两臂阻抗之模的乘积相等，且相对两臂阻抗角之和也相等。显然其平衡条件比直流电桥要复杂一些，即使是纯电阻交流电桥，由于连接导线间分布电容的存在，相当于在桥臂上并联了一个电容，因此在调节电桥平衡时，除调节电阻外，还必须调节电容。为满足交流电桥平衡，各臂不同性质的阻抗元件要有正确的配置，否则难以平衡。

4.2.2　调制解调技术

1. 调制的目的

实现缓变信号的传输，特别是远距离传输；提高信号传输中的抗干扰能力和信噪比。

调制与解调技术不仅在测试领域中采用而且在广播、电视、通信、计算机、自动控制等各种技术领域中都有广泛应用。尽管它们之间有着不尽相同的技术要求和特点，但共同之处就是利用高频载波来传送低频或缓变的信息。控制高频振荡的缓变信号称为调制波，载送缓变信息的高频振荡称为载波，载波本身并不携带任何信息。调制过的高频振荡波称为已调波。在测试技术中，电调制的载波常采用正弦波，个别情况下也采用脉冲波，如差动电容脉冲宽度调制。

2. 调制波为模拟信号的调制类型

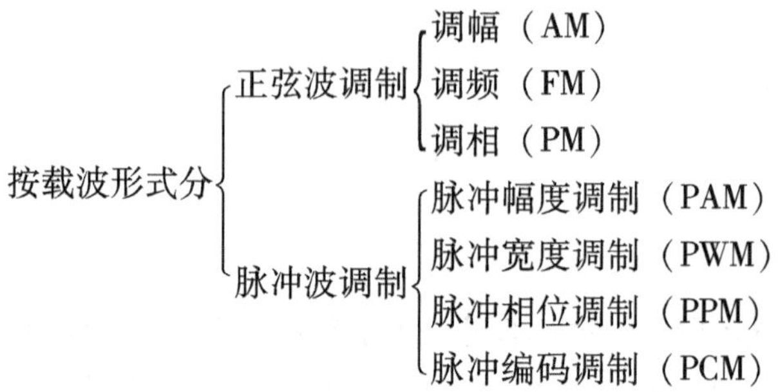

在测试技术中也还会用到光调制、电光调制、声光调制等技术和相关器件，在有关内容的学习中应予以注意。

解调则是与调制相反的过程，就是将已调波进行处理（如检波、检频率及滤波等），从而恢复缓变信号（调制波）。

3. 信号调制与解调原理

（1）调幅与解调

1）调幅原理。将一个高频正弦信号（或称载波）与测试信号相乘，使载波信号幅值随测试信号的变化而变化。

2）调幅信号的频域分析。一个函数与单位脉冲函数卷积的结果是，将这个函数的波形由坐标原点平移至该脉冲函数处。

实现调幅的方法很多，各种交流电桥就是测试中常用的一种，如单臂半桥电路、变压器电桥等。

3）调幅信号的解调方法如下：

① 同步解调。若把调幅波再次与原载波信号相乘，则频域的频谱图形将再一次进行“搬家”，结果是使原信号的频谱图形平移到 0 和 $\pm 2f_0$ 的频率处。

② 包络检波。也称整流检波。其过程是：加偏置电压→整流→滤波→恢复原信号。

对调制信号要加足够大的直流偏置，若所加的偏置电压未能使信号电压都位于零位的同一侧，那么对调幅的波形只进行简单的整流滤波便不能回复原调制信号，而会造成失真。

③ 相敏检波。相敏检波是利用二极管的单向导通作用将电路输出极性互换。其特点是可以鉴别调制信号的极性，所以采用相敏检波时，对调制信号不必再直流偏置。

调幅与相敏检波的典型实例是动态电阻应变仪，其结构原理框图如图 4-4 所示。

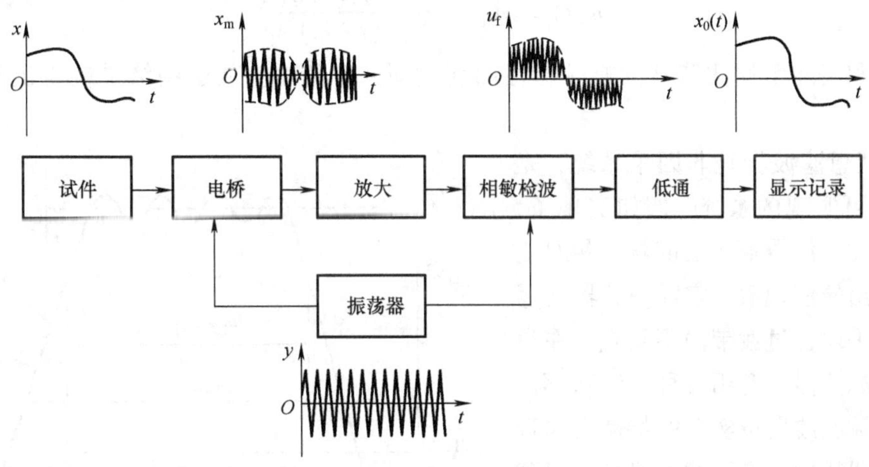

图 4-4　动态电阻应变仪结构原理框图

（2）调频与鉴频

1）频率调制。这是指利用调制信号控制高频载波信号频率变化的过程。

2）频率调制方法。频率调制一般用振荡电路来实现。调频方式也有多种，在测试技术中如电涡流式调频传感器、电容及电感调频电路等都是常用的。

3）调频信号特点。调频信号具有较强的抗干扰能力，且输出脉冲或频率信号，便于计算机直接采用而不用 A－D 转换，但在要求输出模拟电压信号时还需要一套较复杂的鉴频器。

4）调频信号的解调。也称鉴频，一般采用鉴频器和锁相环解调器。

鉴频器原理及结构很多，教材中的图4-21给出了一种简单的振幅式鉴频电路，它利用谐振回路的谐振曲线对不同频率的信号有不同的谐振振幅响应而转换成相应的电压幅值。此外还有比例式鉴频器、相位式鉴频器等。

4.2.3 滤波器（本课程只研究模拟滤波器）

1. 滤波器的作用与类型

滤波器是一种具有频率选择功能的装置，它可以让某种特定频率成分的信号通过或相反地加以衰减。

（1）作用　对获取的信号进行频谱分析；剔除不必要的干扰噪声。

（2）滤波器的分类　滤波器的分类方法很多，最常用的是按滤波器的频率特性分类，如低通、带通、高通、带阻及全通（输出与输入信号的相位差与频率呈线性关系）滤波器等。按照所用的元件来分类，滤波器可分为 *RC* 滤波器、*LC* 滤波器、晶体滤波器、陶瓷滤波器及机械装置滤波器。从滤波器的构成形式可将其分为有源滤波器、无源滤波器。有源滤波器通常使用运算放大器结构；而无源滤波器由一定的 *RLC* 组合配置形式组成。

2. 理想滤波器与实际滤波器的特性

理想低通滤波器频率响应函数为 $H(f)=A_0\mathrm{e}^{-\mathrm{j}2\pi ft_0}(-f_0\leqslant f\leqslant f_0)$，其脉冲响应函数为

$$h(t)=2A_0f_c\frac{\sin 2\pi f_c(t-t_0)}{2\pi f_c(t-t_0)} \tag{4-11}$$

理想带通和实际带通滤波器的幅频特性曲线如图4-5所示。从这些结果应得出如下重要结论：

1）理想滤波器是非因果系统，是物理上不可实现的系统。假如实现了，会出现在没有信号输入之前就有相对应的信号输出的怪现象。实际滤波器在通频带内不平坦，过渡带内不陡直，在设计和制作滤波器时常用各种方法和不同精度的实际滤波器可实现的特性去逼近理想滤波器特性。实际滤波器包括对理想幅频特性和对理想相频特性的两种逼近方式。前者最常用的可实现滤波器有巴特沃斯型和切比雪夫型，后者最常用的可实现滤波器有贝塞尔型等。

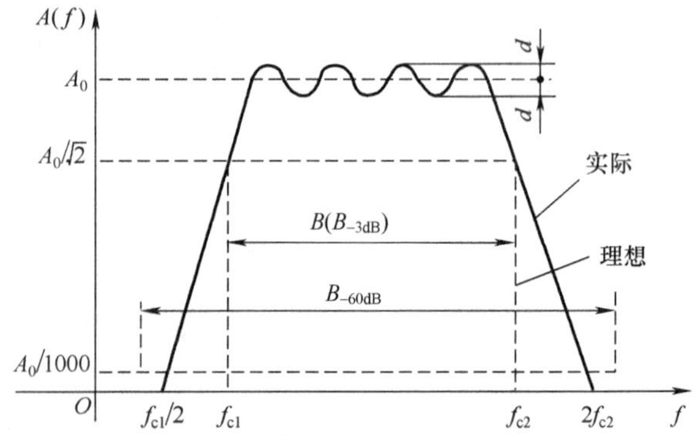

图4-5　理想带通和实际带通滤波器的幅频特性曲线

2）滤波器带宽（B）与阶跃响应上升时间（T_δ）的乘积为常数，即 $BT_\delta=$ 常数。

这表明滤波器的频率选择性和动态响应的快速性之间存在着矛盾，应根据实际需要作折中选取，不能片面追求一个指标，否则会造成很大误差，或者迫使实验速度过慢，增大消耗，使综合经济技术指标下降等。理想滤波器的幅频特性曲线是一个矩形窗函数，只需规定其截止频率即可说明其特性，而实际滤波器的特性曲线比较复杂，需要用较多参数来描述其

性能。

3. 实际滤波器的特性参数

描述实际滤波器性能的主要参数有纹波幅度、截止频率、带宽、频率选择性、品质因数、滤波器因数等。

（1）纹波幅度 d 和幅频特性平均值 A_0：$d \ll A_0/\sqrt{2}$。

（2）截止频率 f_c　幅频特性值等于 $A_0/\sqrt{2}$ 所对应的频率。下截止频率 f_{c1}，上截止频率 f_{c2}。

（3）带宽 B　$B = f_{c2} - f_{c1}$。

（4）中心频率 f_0　$f_0 = \sqrt{f_{c1} f_{c2}}$。

（5）品质因数 Q　$Q = \dfrac{f_0}{B}$，Q 值越大，表明滤波器分辨力越高。

（6）频率选择性

1）倍频程选择性 W。$W = -20\lg \dfrac{A(2f_{c2})}{A(f_{c2})}$ (dB) 或 $W = -20\lg \dfrac{A(f_{c1}/2)}{A(f_{c1})}$ (dB)。

2）滤波器因数（或矩形系数）λ。$\lambda = \dfrac{B_{-60\mathrm{dB}}}{B_{-3\mathrm{dB}}}$。

4. 常用实际滤波器电路

$$\text{RC 调谐式滤波器}\begin{cases}\text{RC 低通滤波器}\\ \text{RC 高通滤波器}\\ \text{RC 带通滤波器}\end{cases}$$

$$\text{高阶滤波器}\begin{cases}\text{LC 滤波器}\\ \text{串接滤波器组}\begin{cases}\text{恒带宽比滤波器}\\ \text{恒带宽滤波器}\end{cases}\end{cases}$$

在测试系统中，常用 *RC* 调谐式滤波器。*RC* 调谐式滤波器电路简单，抗干扰能力强，有较好的低频性能，选用标准阻容元件容易实现。教材上图 4-25 给出了 *RC* 低通和 *RC* 高通滤波器的典型电路。

高阶滤波器是由低通和高通的 *RC* 或 *RL* 滤波器串联而成的带通滤波器，典型的电路如教材上图 4-29 所示。串联所得的带通滤波器以原高通的截止频率为下截止频率，原低通的截止频率为上截止频率。但要注意当多级滤波器串联时，因为后一级成为前一级的“负载”，而前一级又是后一级的信号源内阻，因此，两级间常用射极输出器或运算放大器进行隔离，实际的带通滤波器常常是有源的。

5. *RC* 有源滤波器

前面所介绍的 *RC* 调谐式滤波器仅由电阻、电容等无源元件构成，通常称之为无源滤波器。

有源滤波器由 *RC* 调谐网络和运算放大器组成。运算放大器是有源器件，既可作为级间隔离又起信号幅值放大作用。典型的电路结构如教材上图 4-30 所示。由无源的 *RC* 选频网络与运算放大器结合构成有源滤波器，具有比无源网络优越的特性，如滤波器可有一定的增益，带宽与中心频率调节比较方便，级间有隔离作用，“负载效应”减小，有些滤波器已做成通用的集成电路片，设计使用方便，可靠性高。因此有源滤波器在测试技术中大量采用，学习时要掌握电路基本原理和特性。在设计滤波器时有相当完备的设计手册可供参考。

6. 带通滤波器在频谱分析中的应用

在频谱分析装置中常使用一组各自中心频率固定的、但又按一定规律相隔的滤波器组。

滤波器组中各子滤波器的连接方法是：前一个滤波器的 -3dB 上截止频率等于后一个滤波器的 -3dB 下截止频率。这样一组滤波器所覆盖的整个频率范围便是“邻接”的了。这样才能确保滤波器组的带宽能够覆盖整个被测信号的频率范围，不会使信号中的频率成分“丢失”。

根据中心频率与带宽之间的数值关系滤波器组有两种：恒带宽滤波器、恒带宽比滤波器。

（1）恒带宽滤波器　带宽 B 与中心频率 f_0 的比值是常数的滤波器组，称为恒带宽滤波器，如图 4-6a 所示，其频率处在任何频段上时，带宽都相同。

一般情况下，为使滤波器在任何频率的信号都有良好的频率分辨力，可采用恒带宽滤波器。其优点是不论带通滤波器的中心频率处在任何频段上，带宽都相同，即分辨力不随频率变化，缺点是在覆盖频率范围较宽时，使用的带通滤波器个数较多。因此，在实际中，将恒带宽滤波器的中心频率做成可变的，即利用一个参考信号，使滤波器中心频率跟随参考信号的频率而变化。在做信号频谱分析过程中，参考信号由可做频率扫描的信号发生器提供。这种中心频率可变的恒带宽滤波器常用于相关滤波和扫描跟踪滤波中。

（2）恒带宽比滤波器　带宽 B 与中心频率 f_0 的比值是恒定的滤波器组，即 $\frac{B_i}{f_{0i}}=\frac{f_{c2i}-f_{c1i}}{f_{0i}}=C$，称为恒带宽比滤波器，如图 4-6b 所示。其优点是可用较少的带通滤波器个数就可以覆盖较大的频率范围；缺点是中心频率越高，带宽也越宽，高频滤波性能下降，同时为了能够覆盖所要检测信号的整个频率范围，所需滤波器数量就很大。

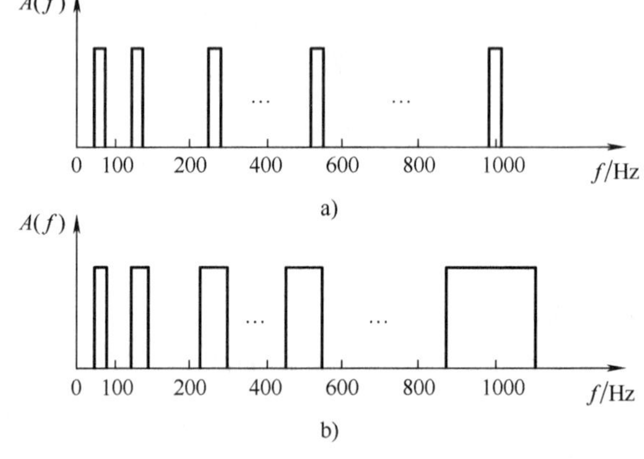

图 4-6　恒带宽与恒带宽比滤波器比较
a）恒带宽滤波器　b）恒带宽比滤波器

作频谱分析时，常用倍频程滤波器邻接成滤波器组。

倍频程滤波器是一种恒带宽比滤波器。设倍频程滤波器的上截止频率为 f_{c2}，下截止频率为 f_{c1}，且有如下关系：

$$f_{c2}=2^n f_{c1} \tag{4-12}$$

式中，n 为倍频程数。其带宽可算出为

$$B=f_{c2}-f_{c1}=(2^n-1)f_{c1} \tag{4-13}$$

中心频率为

$$f_0 = \sqrt{f_{c1}f_{c2}} \tag{4-14}$$

式（4-12）~式（4-14）是彼此独立定义的，必须熟悉。然后可推导出一些其他结论，如

$$\frac{B}{f_0} = \frac{1}{Q} = 2^{\frac{n}{2}} - 2^{-\frac{n}{2}} \tag{4-15}$$

当 n 确定后，B/f_0 即为确定数，且滤波器的品质因数 Q 值也确定了，即

$$Q = \frac{f_0}{B} \tag{4-16}$$

还可推导出

$$f_{c2} = 2^{\frac{n}{2}} f_0 \tag{4-17}$$

$$f_{c1} = 2^{-\frac{n}{2}} f_0 \tag{4-18}$$

用倍频程滤波器邻接成滤波器组，各子滤波器的中心频率 f_{0i} 也是按倍频程的规律设置的，同时各子滤波器的带宽相邻接，即前一个滤波器的上截止频率与后一个滤波器的下截止频率相一致，如图4-7所示。这样的一组滤波器将覆盖整个频率范围，称之为“邻接式”。

对于倍频程滤波器组，各子滤波器的倍频数可以与滤波器组的倍频程数相同，也可以不同。若二者的倍频程数相同，则上一个滤波器的下截止频率正好等于下边滤波器的上截止频率，这样就可以用少量滤波器覆盖较宽频段而又不丢失频谱。

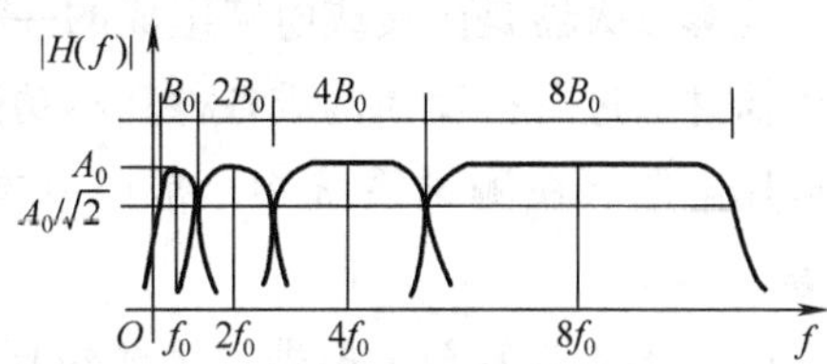

图4-7 倍频程滤波器组频率特性

7. 滤波器的应用

由于测试技术广泛涉及机械信号、光信号及电信号等，因此就会用到各种各样的滤波器，如机械滤波器、消振消音器；光学中采用空间滤波器，以改善图像质量；电信号中大量采用电子滤波器，如带通滤波器用作频谱分析仪中的选频装置，低通滤波器用作数字信号分析系统中的抗频混滤波，高通滤波器用于声发射检测仪中剔除低频干扰噪声，带阻滤波器用作电涡流测振仪中的陷波器。

现列举一些常见的滤波器应用。

1）直流稳压电源中为减小纹波采用的 RC、LC 滤波器，元件参数值尽可能选大一些。

2）信号滤波平滑。如调幅解调后的信号，为滤除载波并恢复调制波形，常用低通滤波器，其参数选择应与调制频率相适应。

3）消除干扰信号。如从人体微弱肌电信号中消除电磁场工频干扰，要求采用窄带带阻滤波器（中心频率为50Hz）加以滤除。

4）压缩频带、抗混叠滤波。具体内容见第5章数字信号处理部分。

5）进行转速比分析，提取有用的特征信号的基频、倍频或分频，以分析各种相关的机械故障。

6）频谱分析，以寻找复杂信号的主要频率成分，以确定振动源和噪声源，然后加以

消除。

7）锁相环环路滤波器。它是锁相环不可缺少的重要组成部分，以完成频率捕捉及频率电压转换等。

4.2.4 信号放大

在机械量测量中，传感器或测量电路输出的信号电压是很微弱的，一般是毫伏或微伏级的，不能直接用于显示、记录或 A－D 转换，还需要放大。

1. 放大目的

幅度增加、抗干扰、阻抗匹配。

2. 对放大器的要求

要求放大器频带宽，且能放大直流信号；精度高，线性度好；高输入阻抗，低输出阻抗；低漂移，低噪声；强的抗共模干扰能力。

对信号的放大有很多种电路可以实现，但工程测试中所遇到的信号，多为 100kHz 以下的低频信号，在大多数的情况下，都可以用放大器集成芯片来设计放大电路。

3. 常用运算放大器电路

运算放大器是由集成电路组成的一种高增益的模拟电子器件，集成运算放大器可以作为一个器件通过阻抗反馈构成各种基本功能的电路。这些基本电路又可以作为单元电路组成电子应用电路。在测试系统中，常以基本运算放大电路构成仪器放大器、可编程增益放大器等。

（1）基本运算放大电器　主要包括反相放大器、同相放大器和差分放大器 3 种基本放大电路。

1）反相放大器。反相放大器是最基本的电路，电路结构如图 4-8 所示。根据基尔霍夫电流定律和“虚地”的概念可以得出

反相运算关系
$$u_o = -\frac{R_2}{R_1}u_i \tag{4-19}$$

闭环电压增益
$$A_{uf} = \frac{u_o}{u_i} = -\frac{R_2}{R_1} \tag{4-20}$$

反相放大器特点是输入阻抗低，容易对传感器形成负载效应。

2）同相放大器。同相放大器也是最基本的电路，电路结构如图 4-9 所示。根据基尔霍夫电流定律和“虚短”的概念可以得出

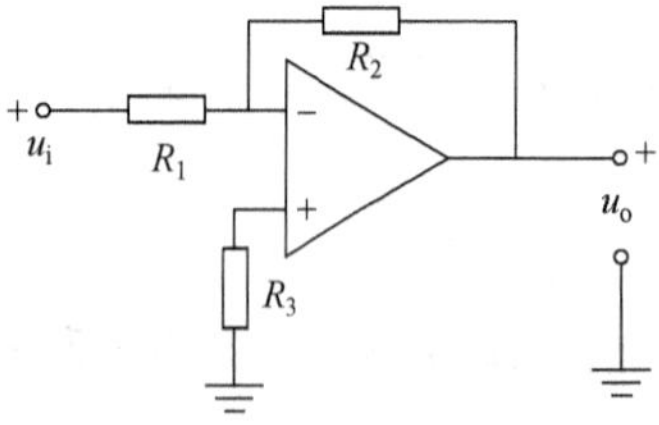

图 4-8　反相放大器的电路结构

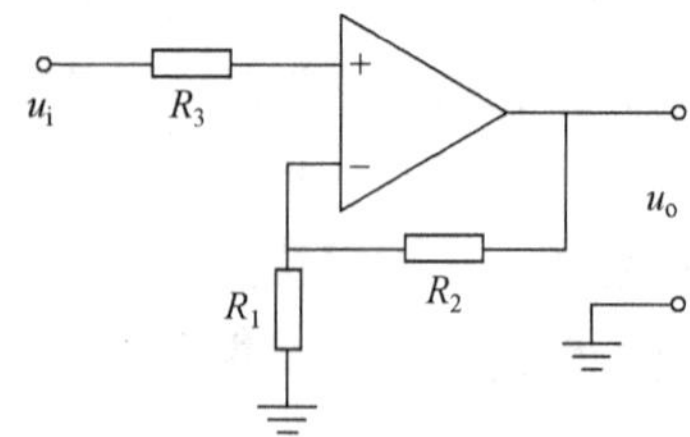

图 4-9　同相放大器的电路结构

反相运算关系
$$u_o = \left(1 + \frac{R_2}{R_1}\right)u_i \tag{4-21}$$

闭环电压增益
$$A_{uf} = \frac{u_o}{u_i} = 1 + \frac{R_2}{R_1} \tag{4-22}$$

同相放大器特点是输入阻抗高，输出阻抗低，广泛用于前置放大级，但容易引入共模干扰。

3）差分放大器。电路结构如图 4-10 所示。根据理想运放条件及“虚短”的概念可以得出

输出电压 $u_o = \left(1 + \frac{R_3}{R_1}\right)\frac{R_4}{R_2 + R_4}u_{i2} - \frac{R_3}{R_1}u_{i1}$　（4-23）

当 $R_1 = R_2$，$R_3 = R_4$时，为差分放大器，得

差分运算关系　$u_o = \frac{R_3}{R_1}(u_{i2} - u_{i1})$　（4-24）

差模电压增益　$A_{uf} = \frac{u_o}{u_{i2} - u_{i1}} = \frac{R_3}{R_1}$　（4-25）

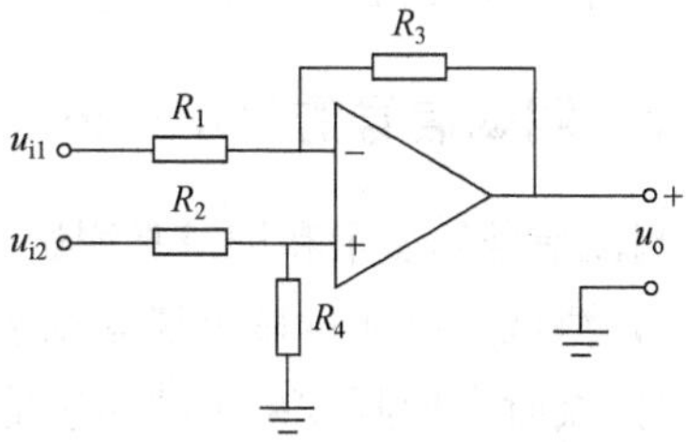

图 4-10　差分放大器的电路结构

差分放大器具有双端输入单端输出、共模抑制比较高（$R_1 = R_2$，$R_3 = R_4$）的特点，但它仍不能提供足够的输入阻抗和共模抑制比，所以通常只用作传感放大器或测量仪器的前端放大器。提高输入阻抗的常用办法是，在基本放大电路之前串接一级射极跟随器。

（2）仪器放大器　仪器放大器是一种精密的差分电压放大器，其典型结构如图 4-11 所示。

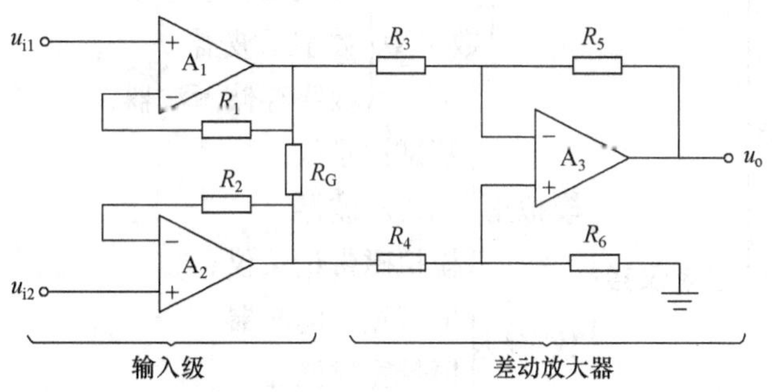

图 4-11　仪器放大器典型结构

1）特点。仪器放大器把关键元件集成在放大器内部，其独特的结构使它具有高共模抑制比、高输入阻抗、低噪声、低线性误差、低失调漂移、增益调整灵活和使用方便等特点。因此适用于传感器电路中。

2）集成仪器放大器主要产品。美国 AD 公司的 AD612、AD614，美国 BB 公司的 INA1114 等。

（3）可编程增益放大器（PGA）　在多路检测系统中，输入信号变化范围不同，需要使用多量程的放大器，使输出信号幅值变化一致。可编程增益放大器是一种通用性很强的放大器，其增益可根据需要用程序进行控制，通过程序调节增益，实现量程转换，大大提高了

测量精度。

可编程增益放大器的结构有两种：

1）组合 PGA，一般由运算放大器、仪器放大器或隔离放大器再加上一些其他附加电路组成，其工作原理是通过程序调整多路转换开关接通的反馈电阻的数值，从而调整放大器的放大倍数。

2）集成 PGA，是专门设计的可编程增益放大器集成电路，其主要结构包括电阻网络、电子开关、译码器和集成运放，主要种类有美国微软公司生产的 MCP6S21、MCP6S22、MCP6S26、MCP6S28 系列，美国模拟仪器公司生产的 AD8321 等。

4.2.5 测试信号的显示与记录

测试信号的显示和记录是测试系统的最后环节，目的在于：

1）测试人员通过显示仪器观察各路信号的大小和实时波形。

2）及时掌握测试系统的动态信息，必要时对参数调整。

3）记录信号的重现。

4）对信号进行后续的分析和处理。

显示和记录仪器一般包括指示和显示仪表、记录仪器。从记录信号的性质来分，显示和记录仪器又可分为模拟型和数字型两大类。

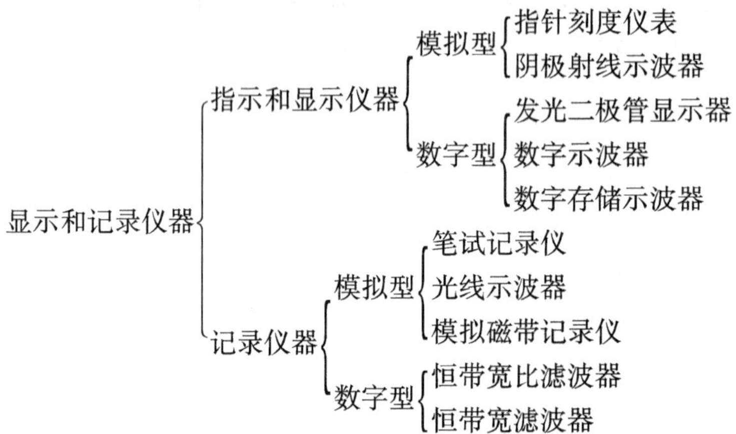

1. 信号的显示

信号显示最常用的显示仪器是示波器，目前广泛使用的有模拟型阴极射线示波器、数字示波器和数字存储示波器。

2. 信号的记录

记录仪器是将一个或多个变量随时间或另一变量变化的过程转换为可识别和读取的信号仪器。它能保存所记录的信号变化以便分析处理。记录仪器的最大特点是能自动记录周期性或非周期性多路信号的慢变化过程和瞬态电平变化过程。传统的光线示波器、XY 记录仪将信号记录在纸介质上，频率响应差，分辨率低，记录受限，已经逐渐退出。模拟磁带记录仪是利用铁磁性材料的磁化进行记录的仪器，现在也很少用。目前普遍使用的信号记录方法是，用数据采集仪器进行信号记录、用计算机内插 A－D 卡进行数据采集与记录和在仪器前端直接实现数据采集与记录。

4.2.6　难点分析

1）电桥的平衡条件及输出特性分析计算，利用和差特性设计平衡电桥的方法。对于交流电桥桥臂阻抗的合理配置方式：当其他桥臂上的阻抗都是电阻时，相同性质的阻抗可以配置在相邻的桥臂上；当其他桥臂上的阻抗为电阻时，不同性质的阻抗可以配置在相对的桥臂上。弄清电桥电路各处的动态波形产生的原因。

2）各种调制方法及解调的原理，特别是调制与解调信号的频谱分析过程，需要结合第 1 章中的正余弦函数的频谱特点、δ 函数的特点和卷积特性等知识点来理解。

根据傅里叶变换的性质：在时域中两个信号相乘，则对应在频域中为两个信号进行卷积；余弦函数的频域图形是一对脉冲谱线；由单位脉冲函数的性质可知，一个函数与单位脉冲函数卷积的结果就是将其频谱图形由坐标原点平移至该脉冲函数频率处。所以，如果以高频余弦信号作载波，把信号 $x(t)$ 与载波信号相乘，其结果就相当于把原信号 $x(t)$ 的频谱图形由原点平移至载波频率 f_0 处，其幅值减半，如图 4-12 所示。

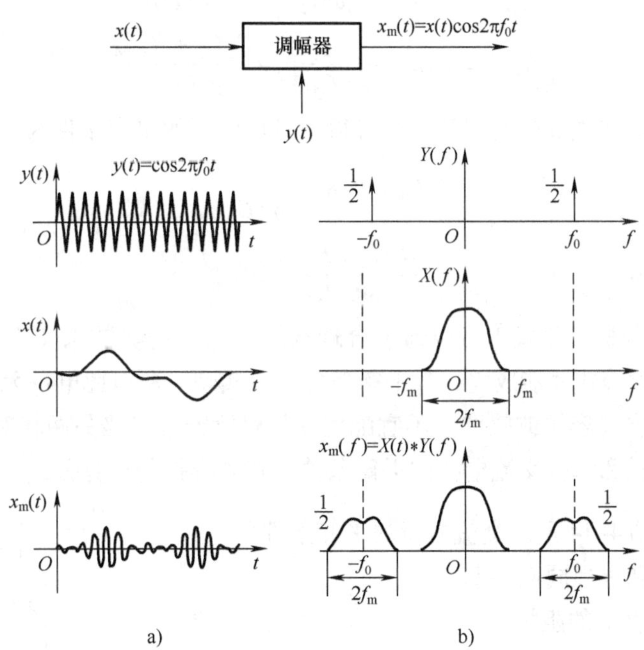

图 4-12　调幅及其频谱分析过程示意图

a）时域波形　b）频谱图

3）实际滤波器的特性分析。实用滤波器的特性设计是在一定限度内进行逼近的。“最佳逼近特性”的标准是根据滤波器的不同应用要求而定出的。如只考虑幅频特性，而不考虑相频特性，如巴特沃斯、切比雪夫滤波器等，也可以提出相频特性而不关心幅频特性，如贝塞尔滤波器等。

4.3 典型题解析

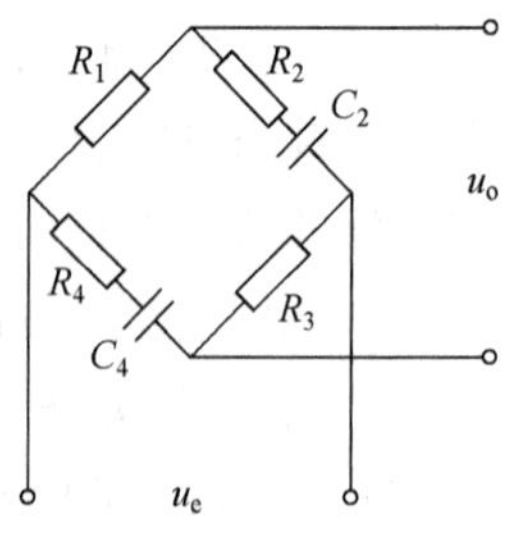

图 4-13 例 4-1 图

【例 4-1】 求图 4-13 所示交流电桥的平衡条件。

解：对于求解电桥平衡条件类的问题，首先要搞清楚各个桥臂上阻抗的性质和大小，然后按照电桥的平衡条件公式列出等式，经过化简即可得出具体电桥的平衡条件。本例求解过程如下：

（1）计算各桥臂上的阻抗

$$Z_1 = R_1 \quad Z_2 = R_2 + Z_{C2} = R_2 + \frac{1}{\mathrm{j}\omega C_2}$$

$$Z_3 = R_3 \quad Z_4 = R_4 + Z_{C4} = R_4 + \frac{1}{\mathrm{j}\omega C_4}$$

（2）计算平衡条件　根据交流电桥的平衡条件 $Z_1Z_3 = Z_2Z_4$，将各桥臂上的阻抗计算式代入平衡条件公式，得

$$R_1R_3 = \left(R_2 + \frac{1}{\mathrm{j}\omega C_2}\right)\left(R_4 + \frac{1}{\mathrm{j}\omega C_4}\right)$$

或

$$R_1R_3 = R_2R_4 - \frac{1}{\omega^2 C_2C_4} + \frac{R_2C_2 + R_4C_4}{\mathrm{j}\omega C_2C_4}$$

使等号两边实部和虚部分别相等，即可得出具体电桥的平衡条件为

$$R_1R_3 = R_2R_4 - \frac{1}{\omega^2 C_2C_4} \qquad ①$$

$$\frac{R_2C_2 + R_4C_4}{\mathrm{j}\omega C_2C_4} = 0 \qquad ②$$

（3）电桥平衡分析　等式①可以通过合理选择电路中的参数来实现。等式②只有当电桥电源频率 $\omega \to \infty$ 时等式才能成立，故平衡条件难以实现。所以此电桥无法调平衡。究其原因是相同性质的阻抗（容抗或感抗）不宜配置在相对桥臂上（当另两相对臂都为电阻时）。

解题要点：熟悉和掌握交流电桥的平衡条件公式和容抗的计算公式。

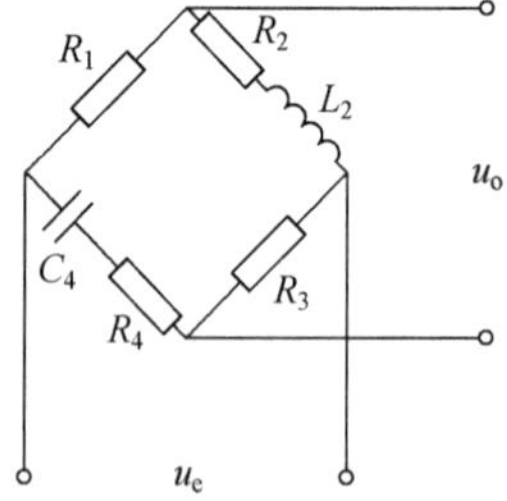

图 4-14 例 4-2 图

【例 4-2】 求图 4-14 所示交流电桥的平衡条件。

解：求解思路和过程同例 4-1。

（1）计算各桥臂上的阻抗

$$Z_1 = R_1 \qquad Z_2 = R_2 + \mathrm{j}\omega L_2$$

$$Z_3 = R_3 \qquad Z_4 = R_4 + \frac{1}{\mathrm{j}\omega C_4}$$

（2）计算平衡条件　据平衡条件 $Z_1Z_3 = Z_2Z_4$，可求得

$$R_1R_3 = (R_2 + \mathrm{j}\omega L_2)\left(R_4 + \frac{1}{\mathrm{j}\omega C_4}\right)$$

整理化简后得

$$R_1R_3 = R_2R_4 + \frac{L_2}{C_4} + j\omega R_4L_2 + \frac{R_2}{j\omega C_4}$$

等号两边实部和虚部分别相等，得

$$j\omega R_4L_2 + \frac{R_2}{j\omega C_4} = 0 \qquad R_1R_3 = R_2R_4 + \frac{L_2}{C_4}$$

求得平衡条件为

$$\frac{R_2}{R_4} = \frac{\omega L_2}{\left(\frac{1}{\omega C_4}\right)}$$

即

$$\frac{R_2}{R_4} = \omega^2 L_2C_4$$

（3）电桥平衡分析　平衡式 $R_2/R_4 = \omega^2 L_2C_4$ 说明，两个等式均可以通过合理选择电路中的参数来满足，所以此电桥能够调平衡。

解题要点：平衡电桥各桥臂上阻抗合理配置的规律。

1）某两个相邻桥臂若用电阻，则另两个相邻桥臂都用容抗或都用感抗。

2）某两个相对桥臂若用电阻，则另两个相对桥臂中一个用容抗，另一个要用感抗。

【例 4-3】 图 4-15 为应变片传感器和电阻构成的单臂半桥，应变片产生的应变为 $\varepsilon(t)=\varepsilon_m\sin\Omega t$，应变片灵敏度为 S，电桥电源电压为 $u_e(t)=U_m\sin\omega t$，求电桥输出电压 $u_o(t)$。

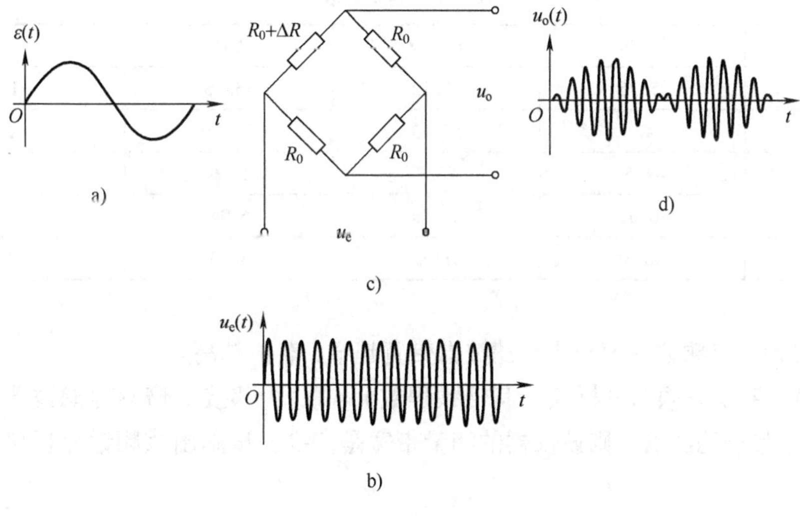

图 4-15　例 4-3 图

解：显然这是用电桥作为信号的幅值调制电路。由于 4 个桥臂上的静态电阻值相等，可以认为电桥为静态平衡电桥。

调制信号　$\varepsilon(t)=\varepsilon_m\sin\Omega t$

载波信号　$u_e(t)=U_m\sin\omega t$，　　$(\omega \gg \Omega)$

根据电阻应变片传感器工作原理有

$$\frac{\Delta R}{R_0} = S\varepsilon(t)$$

单臂半桥的输出为

$$u_o = \frac{\Delta R}{4R_0}u_e(t) = \frac{1}{4}S\varepsilon(t)u_e(t)$$

电桥输出的调幅波为

$$u_o(t) = \frac{SU_m\varepsilon_m}{4}\sin\Omega t\sin\omega t$$

解题要点：求解此类问题的依据就是应变片传感器的工作原理、电桥的输出特性和信号幅值调制的原理。从图4-15d中的$u_o(t)$波形及其表达式可知，调幅波的包络线形状与调制波形相同，而应变的正、负极性的信息体现在载波相位的变化上，只有采用相敏检波器才能识别其相位变化，从而恢复调制信号的极性，此点务必细心体会。

【例 4-4】 若带通滤波器的中心频率$f_0=50\text{Hz}$，求倍频程数分别为$n=1$、1/2、1/3、1/5、1/10时的上下截止频率f_{c2}、f_{c1}及带宽B、Q的值。

解：根据题意这是一组不同倍频程数的恒带宽比滤波器。利用倍频程滤波器的特点和计算公式即可求解。

根据公式$f_{c2}=2^{\frac{n}{2}}f_0$，$f_{c1}=2^{-\frac{n}{2}}f_0$，$B=f_{c2}-f_{c1}=(2^n-1)f_{c1}$，$Q=\frac{f_0}{B}$，分别求出不同$n$值下的$f_{c2}$、$f_{c1}$及带宽$B$、$Q$的值，计算结果列于表4-1中。

表 4-1 例 4-4 表

n	f_{c1}/Hz	f_{c2}/Hz	B/Hz	Q
1	35.36	70.72	35.36	1.414
1/2	42	59.45	17.45	2.86
1/3	44.5	56.1	11.6	4.32
1/5	46.65	53.59	6.94	7.19
1/10	48.3	51.75	3.45	14.5

从上表可知，倍频数n值越小，滤波器带宽越窄，Q值越高。

【例 4-5】 某实时频谱分析仪，其倍频程数$n=1$，为邻接式倍频程滤波器组，若仪器中串联了10个带通滤波器，则该仪器的测量带宽是多少？试画出该频谱分析仪的幅频特性$A(\omega)$图。

解：首先计算各带通滤波器的上下截止频率和中心频率，再根据滤波器组的总带宽的计算式$B=f_{c2m}-f_{c11}$（m为带通滤波器个数），计算出该仪器测量带宽。然后利用计算的数据，画出频谱分析仪的幅频特性图。

（1）计算各带通滤波器的中心频率和上下截止频率　倍频程数$n=1$，根据$f_{0i}=2^n f_{0(i-1)}$，故$f_{0i}=2f_{0(i-1)}$，计算各滤波器的中心频率为

$f_{01}=2\text{Hz}$；$f_{02}=2f_{01}=4\text{Hz}$；$f_{03}=2f_{02}=8\text{Hz}$；$f_{04}=2f_{03}=16\text{Hz}$；$f_{05}=2f_{04}=32\text{Hz}$；

$f_{06}=2f_{05}=64\text{Hz}$；$f_{07}=2f_{06}=128\text{Hz}$；$f_{08}=2f_{07}=256\text{Hz}$；$f_{09}=2f_{08}=512\text{Hz}$；$f_{010}=2f_{09}=1024\text{Hz}$。

根据倍频程滤波器关系式 $f_{c2i}=2^{\frac{n}{2}}f_{0i}$，$f_{c2i}=2^{n}f_{c1i}$，因 $n=1$，故 $f_{c2i}=\sqrt{2}f_{0i}$，$f_{c2i}=2f_{c1i}$，则 $f_{c1i}=\frac{1}{2}f_{c2i}$。

根据邻接关系有

$$f_{c1i}=f_{c2(i-1)}$$

各滤波器的中心频率为 $f_{c21}=1.41\times f_{01}=1.41\times 2=2.82\text{Hz}$；$f_{c11}=\frac{1}{2}f_{c21}=1.41\text{Hz}$；

$$f_{c12}=f_{c21}=2.82\text{Hz};\quad f_{c22}=2f_{c12}=5.64\text{Hz};$$
$$f_{c13}=f_{c22}=5.64\text{Hz};\quad f_{c23}=2f_{c13}=11.28\text{Hz};$$
$$f_{c14}=f_{c23}=11.28\text{Hz};\quad f_{c24}=2f_{c14}=22.56\text{Hz};$$
$$f_{c15}=f_{c24}=22.56\text{Hz};\quad f_{c25}=2f_{c15}=45.12\text{Hz};$$
$$f_{c16}=f_{c25}=45.12\text{Hz};\quad f_{c26}=2f_{c16}=90.24\text{Hz};$$
$$f_{c17}=f_{c26}=90.24\text{Hz};\quad f_{c27}=2f_{c17}=108.48\text{Hz};$$
$$f_{c18}=f_{c27}=108.48\text{Hz};\quad f_{c28}=2f_{c18}=306.96\text{Hz};$$
$$f_{c19}=f_{c28}=306.96\text{Hz};\quad f_{c29}=2f_{c19}=721.92\text{Hz};$$
$$f_{c110}=f_{c29}=306.96\text{Hz};\quad f_{c210}=2f_{c110}=1443.84\text{Hz}。$$

（2）计算频谱仪的测量带宽 B　滤波器组的最低频率为 f_{c11}，最高频率为 f_{c210}，则仪器的带宽为

$$B=f_{c210}-f_{c11}=(1443.84-1.41)\text{Hz}=1442.43\text{Hz}$$

（3）画频谱分析仪的 $A(\omega)$ 图　最低频的滤波器 $f_{01}=2\text{Hz}$，其上截止频率为 2.82Hz，滤波器 $f_{02}=4\text{Hz}$，其下截止频率也是 2.82Hz，…，$f_{010}=1024\text{Hz}$，其下截止频率为 1443.84Hz；其余类推画出 $A(\omega)$ 如图4-16所示。分析表明，用10个带通滤波器就占满了 0～1kHz 的频段。

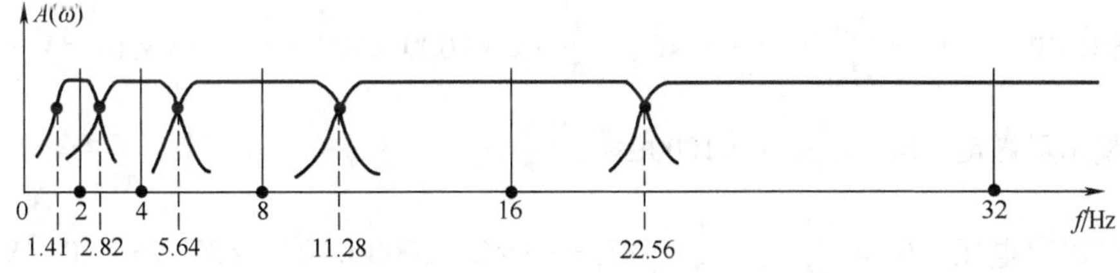

图4-16　例4-5图

解题要点：理解带通滤波器的概念和上下截止频率、中心频率、带宽等参数的定义。掌握和熟悉恒带宽比滤波器组的频率特性及计算关系式，理解倍频程滤波器邻接的意义和有关参数间的换算关系。特别是对于邻接的倍频程滤波器组，其幅频特性也是邻接的这个特点要清楚。

4.4　复习思考题

1. 简述信号调理环节的作用。

2. 简述几种典型的接桥方法的比较。
3. 简述电桥加减特性的合理利用。
4. 如何消除调幅波的失真？
5. 频率与调制信号中最高频率有什么关系？载波信号频率的提高受什么限制？
6. 有源滤波器与无源滤波器相比有什么优点？举例说明有源滤波器的用途。
7. 信号放大电路的种类，如何根据传感器输出特性选择合适的放大电路？

4.5 习题解答

4-1 以阻值 $R=120\Omega$、灵敏度 $S_g=2$ 的电阻丝应变片与阻值为 120Ω 的固定电阻组成电桥，供桥电压为 3V，并假定负载的电阻为无穷大，当应变片的应变为 2με 和 2000με 时，分别求出单臂、双臂电桥的输出电压，并比较两种情况下的电桥灵敏度。

解：（1）当 $\varepsilon=2\mu\varepsilon$ 时

单臂电桥输出电压 $U_o=\frac{\Delta R}{4R_0}U_e=\frac{1}{4}S_g\varepsilon U_e=\frac{1}{4}\times2\times2\times10^{-6}\times3\text{V}=3\times10^{-6}\text{V}=3\mu\text{V}$

单臂电桥输出灵敏度 $S_{单}=\frac{1}{4}S_g\varepsilon=1\mu\varepsilon$

双臂电桥输出电压 $U_o=\frac{\Delta R}{2R_0}U_e=\frac{1}{2}S_g\varepsilon U_e=\frac{1}{2}\times2\times2\times10^{-6}\times3\text{V}=6\times10^{-6}\text{V}=6\mu\text{V}$

双臂电桥输出灵敏度 $S_{双}=\frac{1}{2}S_g\varepsilon=2\mu\varepsilon$

（2）当 $\varepsilon=2000\mu\varepsilon$ 时

单臂电桥输出电压 $U_o=\frac{\Delta R}{4R_0}U_e=\frac{1}{4}S_g\varepsilon U_e=\frac{1}{4}\times2\times2000\times10^{-6}\times3\text{V}=3\times10^{-3}\text{V}=3\text{mV}$

单臂电桥输出灵敏度 $S_{单}=\frac{1}{4}S_g\varepsilon=1000\mu\varepsilon$

双臂电桥的输出电压 $U_o=\frac{\Delta R}{2R_0}U_e=\frac{1}{2}S_g\varepsilon U_e=\frac{1}{2}\times2\times2000\times10^{-6}\times3\text{V}=6\times10^{-3}\text{V}=6\text{mV}$

双臂电桥输出灵敏度 $S_{双}=\frac{1}{2}S_g\varepsilon=2000\mu\varepsilon$

（3）比较说明 电桥输出的灵敏度随着应变片的应变量的增大而增高；在相同应变量的条件下，双臂电桥比单臂电桥的输出灵敏度高一倍。

4-2 有人在使用电阻应变仪时，发现灵敏度不够，于是试图在工作电桥上增加电阻应变片数以提高灵敏度。试问，在下列情况下，是否可提高灵敏度？说明为什么？

1）半桥双臂各串联一片；

2）半桥双臂各并联一片。

解：根据双臂电桥的电压灵敏度 $S=\frac{U_o}{\Delta R/R}$，电桥的灵敏度与电阻的相对变化量成反比。

1）当半桥双臂上各串联一片应变片后，虽然桥臂上的电阻变化增加了一倍，但桥臂的总电阻也增加了一倍，其电阻的相对变化量为 $2\Delta R/2R=\Delta R/R$，并没有发生变化，故用串联应变片的方法不能提高电桥输出的灵敏度。

2）当半桥双臂上各并联一片应变片后，桥臂上的等效电阻变化量和等效总电阻值都减小了 1/2，其等效电阻的相对变化量为$\frac{\Delta R/2}{R/2}=\frac{\Delta R}{R}$，也没有发生变化，故用并联应变片的方法也不能提高电桥输出的灵敏度。

4-3　为什么在动态应变仪上除了设有电阻平衡旋钮外，还设有电容平衡旋钮？

解：动态电阻应变仪采用高频交流电源给电桥供电，所以应变仪中的电桥电路属于交流电桥，其平衡条件为 $Z_{01}Z_{03}=Z_{02}Z_{04}$ 和 $\varphi_1+\varphi_3=\varphi_2+\varphi_4$，可见若使交流电桥达到平衡，则必须使各桥臂上的阻抗模和阻抗角同时满足平衡条件。但是，在交流电的传输中，由于导线分布和各种寄生电容的存在，即使是纯电阻交流电桥，各桥臂上也并联有寄生电容，因此对于交流电桥只调节电阻无法实现阻抗模和阻抗角同时达到平衡条件的要求，所以，在动态电阻仪上设计了电阻和电容两套调节装置，通过反复调节电阻和电容才能实现电桥的阻抗模和阻抗角同时达到平衡。

4-4　用电阻应变片接成全桥，测量某一构件的应变，已知其变化规律为

$$\varepsilon(t)=A\cos 10t+B\cos 100t$$

如果电桥激励电压 $u_o=E\sin 10000t$，试求此电桥的输出信号频谱。

解：设应变片的灵敏度为 S_g，则全桥的输出电压为

$$u_o=\frac{\Delta R}{R_0}u_e=S_g\varepsilon(t)u_e=S_g(A\cos 10t+B\cos 100t)E\sin 10000t$$

经分配率和三角函数的积化和差运算得

$$\begin{aligned}u_o&=S_gEA\sin 10000t\cos 10t+S_gEB\sin 10000t\cos 100t\\&=\frac{S_gEA}{2}(\sin 10010t+9990t)z+\frac{S_gEB}{2}(\sin 10100t+\sin 9900t)\end{aligned}$$

频谱图如图 4-17 所示。

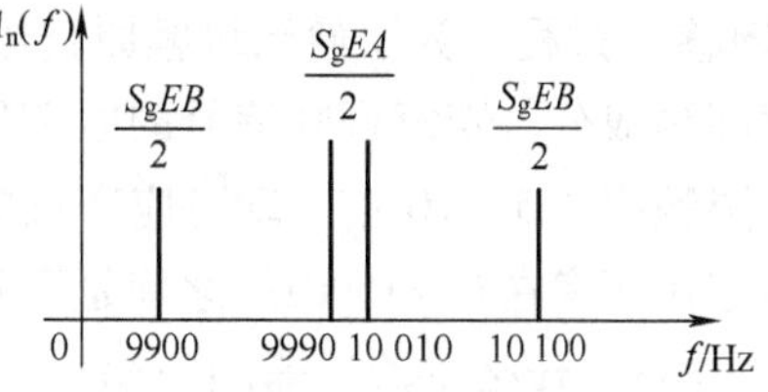

图 4-17　题 4-4 图

4-5　已知调幅波 $x_a(t)=(100+30\cos\Omega t+20\cos3\Omega t)\cos\omega_c t$，其中 $f_c=10\text{kHz}$，$f_\Omega=500\text{Hz}$。

试求：1）$x_a(t)$ 所包含的各分量的频率及幅值；

2）绘出调制信号与调幅波的频谱。

解：1）由题意可知，载波为 $y(t)=\cos\omega_c t$；调制信号为 $x(t)=100+30\cos\Omega t+20\cos3\Omega t$；利用分配率和积化和差运算将调幅波展开为

$$x_a(t)=100\cos\omega_c t+15\cos(\omega_c+\Omega)t+15\cos(\omega_c-\Omega)t+10\cos(\omega_c+3\Omega)t+10\cos(\omega_c-3\Omega)t$$

则信号所包含的各分量的频率及幅值见下表

	频率 $(f=\frac{\omega}{2\pi})$	幅值
载波	$f_c=10\text{kHz}$	100
调制信号	$f_1=0\text{Hz}$	100
	$f_2=f_\Omega=500\text{Hz}$	30
	$f_3=3f_\Omega=1500\text{Hz}$	20
调幅波	$f_{a1}=f_c=10\text{kHz}$	100
	$f_{a2}=f_c+f_\Omega=10500\text{Hz}$	15
	$f_{a3}=f_c-f_\Omega=9500\text{Hz}$	15
	$f_{a4}=f_c+3f_\Omega=11500\text{Hz}$	10
	$f_{a4}=f_c-3f_\Omega=8500\text{Hz}$	10

2）调制信号与调幅波的频谱如图 4-18 所示。

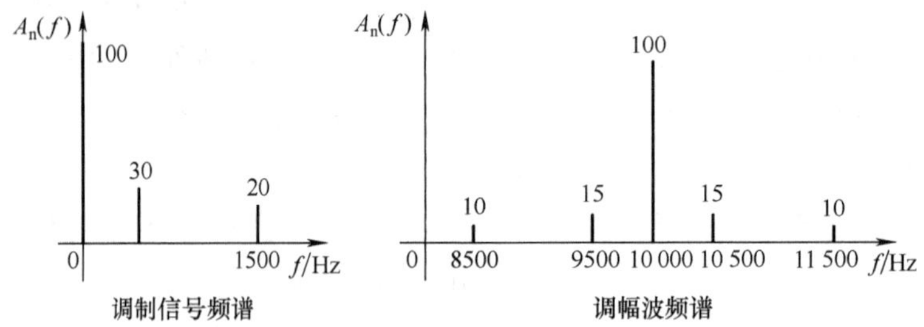

图 4-18 题 4-5 图

调幅波所占频宽为 $B=(11500-8500)\text{Hz}=3000\text{Hz}$。

4-6 调幅波是否可以看做载波与调制信号的叠加？为什么？

解：不可以。因为调幅波是载波幅值随调制信号大小成正比变化，只有相乘才能实现。

4-7 试从调幅原理说明，为什么某动态应变仪的电桥激励电压频率为 10kHz，而工作频率为 0～1500Hz？

解：调幅是将一个高频载波信号与调制信号相乘，是高频信号的幅值随调制信号的变化而变化。在调幅波里含有大量的高频成分。从调幅信号的频率来看，调幅过程相当于频谱的“搬移”过程。为了使已调幅原信号的频谱图形不产生混叠现象，以便解调时能够有效地滤掉高频成分，恢复调制信号的原有形态，在实际应用中，一般要求载波频率至少是调制信号上限频率的 5～10 倍。动态应变仪的电桥激励电压为载波，其频率为 10kHz，所以调制信号的工作频率在 0～1500Hz 之间是可行的。

4-8 什么是滤波器的分辨力？与哪些因素有关？

解：滤波器的分辨力是指滤波器分辨相邻频率成分的能力。它与滤波器的带宽 B、品质因数 Q、倍频程选择性 W、滤波器因数 λ 等因素有关。通常带宽越小、品质因数越大、倍频程选择性越小、滤波器因数越小，分辨力越高。

4-9 设一带通滤波器的下截止频率为 f_{c1}，上截止频率为 f_{c2}，中心频率为 f_0，试指出下列记述中的正确与错误。

1）倍频程滤波器 $f_{c2}=\sqrt{2}f_{c1}$。

2）$f_0=\sqrt{f_{c1}f_{c2}}$。

3）滤波器的截止频率就是此同频带的幅值 -3dB 处的频率。

4）下限频率相同时，倍频程滤波器的中心频率是 1/3 倍频程滤波器的中心频率的$\sqrt[3]{2}$倍。

解：1）错误。因为倍频程数 $n=1$，所以，正确的是 $f_{c2}=2^1f_{c1}=2f_{c1}$。

2）正确。

3）正确。

4）正确。因为倍频程滤波器 $f_0=\sqrt{f_{c1}f_{c2}}=2^{\frac{n}{2}}f_{c1}$，当 $n=1$ 时，$f_{01}=2^{\frac{1}{2}}f_{c1}=\sqrt{2}f_{c1}$；

当 $n=1/3$ 时。$f_{02}=2^{\frac{1/3}{2}}f_{c1}=\sqrt[6]{2}f_{c1}$，$\dfrac{f_{01}}{f_{02}}=\dfrac{\sqrt{2}f_{c1}}{\sqrt[6]{2}f_{c1}}=\sqrt[3]{2}$。

4-10 已知某 RC 低通滤波器，$R=1\text{k}\Omega$，$C=1\mu\text{F}$。

1）确定各函数式 $H(s)$；$H(\omega)$；$A(\omega)$；$\varphi(\omega)$。

2）当输入信号 $u_i=10\sin1000t$ 时，求输出信号 u_o，并比较其幅值及相位关系。

解：1）RC 低通滤波器为一阶线性系统，电路如图 4-19 所示。其传递函数和频率响应分别为

$$H(s)=\frac{1}{\tau s+1}\quad H(\omega)=\frac{1}{1+\text{j}\tau\omega}$$

$$A(\omega)=\frac{1}{\sqrt{1+(\tau\omega)^2}}\quad \varphi(\omega)=-\arctan(\tau\omega)$$

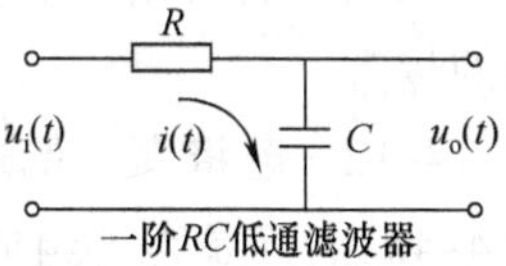

一阶RC低通滤波器

图 4-19 题 4-10 图

当 $R=1\text{k}\Omega$，$C=1\mu\text{F}$ 时，时间常数 $\tau=RC=1000\times10^{-6}\text{s}=0.001\text{s}$，得

$$H(s)=\frac{1}{0.001s+1}\quad H(\omega)=\frac{1}{1+\text{j}0.001\omega}$$

$$A(\omega)=\frac{1}{\sqrt{1+\left(\dfrac{\omega}{1000}\right)^2}}\quad \varphi(\omega)=-\arctan\left(\frac{\omega}{1000}\right)$$

2）当 $u_i=10\sin1000t$ 时，$\omega=1000\text{rad/s}$，有

幅频特性
$$A(\omega)=\frac{1}{\sqrt{1+\left(\dfrac{1000}{1000}\right)^2}}=\frac{\sqrt{2}}{2}$$

相频特性
$$\varphi(\omega)=-\arctan\left(\frac{1000}{1000}\right)=-\frac{\pi}{4}$$

RC 滤波器的稳态输出信号为

$$u_o=10A(1000)\sin[1000t+\varphi(1000)]=5\sqrt{2}\sin\left(1000t-\frac{\pi}{4}\right)$$

说明：输出 u_o 相对输入 u_e 的幅值衰减为 $5\sqrt{2}$，相位滞后 $\pi/4$。

4-11 已知低通滤波器的频率响应函数

$$H(\omega)=\frac{1}{1+\text{j}\omega\tau}$$

式中 $\tau=0.05\mathrm{s}$，当输入信号 $x(t)=0.5\cos(10t)+0.2\cos(100t-45^\circ)$ 时，求其输出 $y(t)$，并比较 $y(t)$ 与 $x(t)$ 的幅值与相位有何区别。

解：由题意知 $\omega_1=10\mathrm{rad/s}$，$\omega_2=100\mathrm{rad/s}$，根据 $A(\omega)=\dfrac{1}{\sqrt{1+(\tau\omega)^2}}$，$\varphi(\omega)=-\arctan(\tau\omega)$，有

$\omega_1=10\mathrm{rad/s}$ 时，则

$$A(10)=\frac{1}{\sqrt{1+(0.05\times10)^2}}\approx0.894,\ \varphi(10)=-\arctan(0.05\times10)\approx-26.6^\circ$$

$\omega_2=100\mathrm{rad/s}$ 时，则

$$A(100)=\frac{1}{\sqrt{1+(0.05\times100)^2}}\approx0.196,\ \varphi(100)=-\arctan(0.05\times100)\approx-78.7^\circ$$

输出为

$$\begin{aligned}y(t)&=0.5A(10)\cos[10t+\varphi(10)]+0.2A(100)\cos[100t-45^\circ+\varphi(100)]\\&=0.447\cos(10t-26.6^\circ)+0.039\cos(100t-123.7^\circ)\end{aligned}$$

比较：输出相对于输入，幅值衰减、相位滞后，且频率越高，幅值衰减的越多，相位滞后的越大。

4-12 若将高、低通网络直接串联（见图4-20，教材图4-46），问是否能组成带通滤波器？请写出网络的传递函数，并分析其幅、相频率特性。

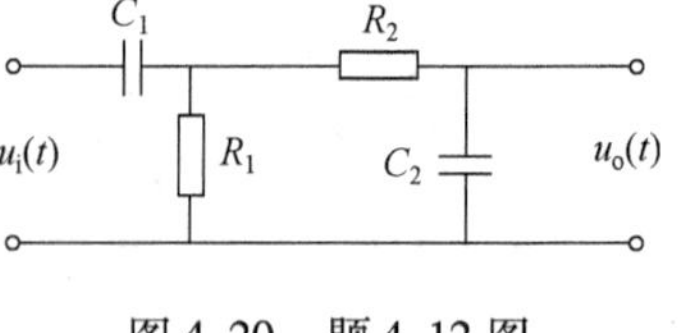

图4-20 题4-12图

解：在电路网络中，R_1C_1 构成高通滤波器，R_2C_2 构成低通滤波器，两者组合可以构成一个带通滤波器。

根据基尔霍夫定律列出电路的KCL方程和KVL方程，求解并整理得电路的微分方程为

$$R_1C_1R_2C_2\frac{\mathrm{d}^2u_o(t)}{\mathrm{d}t^2}+(R_1C_1+R_2C_2+R_1C_2)\frac{\mathrm{d}u_o(t)}{\mathrm{d}t}+u_o(t)=R_1C_1\frac{\mathrm{d}u_i(t)}{\mathrm{d}t}$$

令 $\tau_1=R_1C_1$，$\tau_2=R_2C_2$，$\tau_3=R_1C_2$，则网络的传递函数为

$$H(s)=\frac{U_o(s)}{U_i(s)}=\frac{\tau_1 s}{\tau_1\tau_2s^2+(\tau_1+\tau_2+\tau_3)s+1}$$

令 $s=\mathrm{j}\omega$ 代入传函式得网络频率响应

$$H(\omega)=\frac{U_o(\omega)}{U_i(\omega)}=\frac{\mathrm{j}\tau_1\omega}{-\tau_1\tau_2\omega^2+\mathrm{j}(\tau_1+\tau_2+\tau_3)\omega+1}$$

网络幅频特性为

$$A(\omega)=\frac{\tau_1\omega}{\sqrt{(1-\tau_1\tau_2\omega^2)^2+[(\tau_1+\tau_2+\tau_3)\omega]^2}}$$

网络相频特性为

$$\varphi(\omega)=-\arctan\frac{(\tau_1+\tau_2+\tau_3)\omega}{1-\tau_1\tau_2\omega^2}$$

频率特性分析：当 $\omega=0$ 时，$A(0)=0$，$\varphi(0)=\pi/2$；当 $\omega=\infty$ 时，$A(\infty)=0$，

$\varphi(\infty)=-\pi/2$，频率特性图曲线如图 4-21 所示。由频率特性图也证明了此电路网络可以组成带通滤波器。

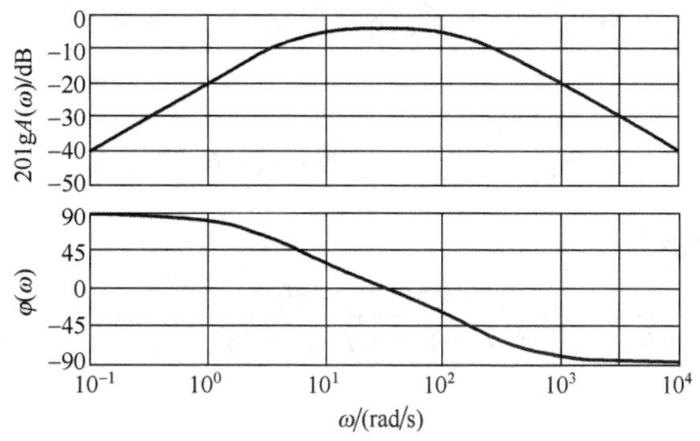

图 4-21　频率特性曲线

4-13　一个磁电指示机构和内阻为 R_i 的信号源相连，其转角 θ 和信号源电压 U_i 的关系可用二阶微分方程来描述，即

$$\frac{I\mathrm{d}^2\theta}{r\mathrm{d}t^2}+\frac{nAB}{r(R_i+R_1)}\frac{\mathrm{d}\theta}{\mathrm{d}t}+\theta=\frac{nAB}{r(R_i+R_1)}U_i$$

设其中动圈部件的转动惯量 I 为 $2.5\times10^{-5}\mathrm{kg\cdot m^2}$，弹簧刚度 r 为 $10^{-3}\mathrm{N\cdot m\cdot rad^{-1}}$，线圈匝数 n 为 100，线圈横截面积 A 为 $10^{-4}\mathrm{m^2}$，线圈内阻 R_1 为 75Ω，磁通密度 B 为 $150\mathrm{Wb\cdot m^{-1}}$ 和信号内阻 R_i 为 125Ω。

1）试求该系统的静态灵敏度（$\mathrm{rad\cdot V^{-1}}$）。

2）为了得到 0.7 的阻尼比，必须把多大的电阻附加在电路中？改进后系统的灵敏度为多少？

解：1）由于当 s=0 时，系统的传递函数为

$$H(s)=\frac{\theta(s)}{U_i(s)}=\frac{\dfrac{nAB}{r(R_i+R_1)}}{\dfrac{I}{r}s^2+\dfrac{nAB}{r(R_i+R_1)}s+1}=\frac{\dfrac{nAB}{r(R_i+R_1)}\dfrac{r}{I}}{s^2+\dfrac{r}{I}\dfrac{nAB}{r(R_i+R_1)}s+\dfrac{r}{I}}=\frac{S\omega_n^2}{s^2+2\zeta\omega_n s+\omega_n^2}$$

式中，$\omega_n=\sqrt{\dfrac{r}{I}}$，$\zeta=\dfrac{1}{2\sqrt{Ir}}\dfrac{nAB}{(R_i+R_1)}$，$S=\dfrac{nAB}{r(R_i+R_1)}$。

静态灵敏度为

$$S=\frac{nAB}{r(R_i+R_1)}=\frac{100\times10^{-4}\times150}{10^{-3}\times(125+75)}\mathrm{rad\cdot V^{-1}}=7.5\mathrm{rad\cdot V^{-1}}$$

阻尼比为

$$\zeta=\frac{1}{2\sqrt{Ir}}\frac{nAB}{(R_i+R_1)}=\frac{1}{2\sqrt{2.5\times10^{-5}\times10^{-3}}}\cdot\frac{100\times10^{-4}\times150}{(125+75)}\approx23.717$$

固有角频率为

$$\omega_n=\sqrt{\frac{r}{I}}=\sqrt{\frac{10^{-3}}{2.5\times10^{-1}\times10^{-5}}}\mathrm{rad\cdot s^{-1}}=20\mathrm{rad\cdot s^{-1}}$$

2）设当$\zeta=0.7$时，需串联的电阻为R，其他的参数不变，则有

$$\zeta=\frac{1}{2\sqrt{Ir}}\frac{nAB}{(R_i+R_1)}=\frac{1}{2\sqrt{2.5\times10^{-5}\times10^{-3}}}\cdot\frac{100\times10^{-4}\times150}{(125+75+R)}=0.7$$

解得

$$R=\left(\frac{7500}{0.7\sqrt{2.5}}-200\right)\mathrm{k\Omega}\approx6.576\mathrm{k\Omega}$$

改进后系统的灵敏度为

$$S=\frac{nAB}{r(R_i+R_1+R)}=\frac{100\times10^{-4}\times150}{10^{-3}\times(125+75+6576)}\mathrm{rad\cdot V^{-1}}=0.221\mathrm{rad\cdot V^{-1}}$$

第5章　信号处理初步

5.1　学习要求及学习方法

1）初步了解数字信号处理的一般步骤和方法，并进一步了解数字信号处理中必须注意的几个重要问题，如采样与混叠问题，信号截断与谱泄漏问题，栅栏效应问题等，掌握处理这些问题的基本思路和方法。

2）掌握相关分析的基本原理，如相关函数和相关系数的概念和性质；相关分析在测试技术中的应用，如相关滤波、相关测速等。

3）掌握功率谱分析方法，如自功率谱、互功率谱的概念及与相关函数的关系；功率谱分析在测试技术中的应用。

4）初步了解现代信号分析的方法。

5）学习方法上要注意与第1章信号及其描述相联系，加强复习，把滤波器一章中待本章研究的相关滤波器与之联系，力求把有关联的知识串在一起，加深理解。本章数学公式较多，学习时要注意理解其含义和实质，并联系其物理或几何意义，有助于对抽象定义的理解和记忆。要着重这些分析方法的应用，注意思路，如相关测速方法很具启发性，应当学会举一反三。

5.2　学习要点与难点分析

5.2.1　信号分析概述

1. 信号分析的目的

1）信噪分离，提高信噪比。获得的信号中不可避免地要混入噪声，它甚至可能“淹没”有用信号。为了改善信号质量，要采取措施消除或减小噪声，如运用模拟滤波器、数字滤波器、平均、相关处理及编码等技术。有的已在前面讨论过，本章不再重复。

2）提取特征信号。测试工作的主要任务就是要获取反映被测对象状态和特征的信息。但是有时即使没有噪声，要用以解决实际问题的特征信号并不明显或不突出，为此有必要将信号进行处理，如相关分析、功率谱分析等，使信号转换成人们容易理解和便于解决问题的形式，以完成测试、控制、预测等各种复杂任务。

3）修正测试系统的某些误差，如传感器的线性误差、温度影响等。

2. 信号处理与信号分析

两者关系密切，但没有明确的界限。通常认为，以获取信息为目的的信号变换过程，称为信号处理；研究信号的构成和特征值，称为信号分析。

信号分析对信号本身的结构没有影响，而信号处理则可能改变信号本身的结构。

3. 信号处理的方法和内容

工程信号的类型有两类：模拟信号和数字信号。所以信号处理分为模拟信号处理和数字信号处理。

（1）模拟信号处理　模拟信号处理系统由实现模拟运算功能的电路组成，一般是模拟滤波器、乘法器、微分放大器等专用电路，例如滤波、限幅、隔直、调制、解调、温度补偿等电路。

（2）数字信号处理　数字信号处理系统由微型计算机和相关软件组成。一般是通用计算机、专用软件、虚拟仪器、专用信号处理机、专用仪器、专用硬件、DSP 等。数字信号处理是测试技术中最常用和最需要掌握的部分，无论开发简单或复杂的测控系统或仪器，都会用到数字信号处理知识。

5.2.2　数字信号处理的基本步骤

1. 信号数字化的优势

数字信号处理已成为一门新兴的独立学科，而且在迅速发展，其主要原因有：

1）数字系统具有稳定性和灵活性。用数学计算和计算机显示代替复杂的电路和机械结构，其系统特性不会随条件（环境温度、电源电压、老化程度等）而变化，抗噪声和干扰的能力强。不仅可以完成模拟系统的处理功能，而且可以完成模拟系统难以完成的任务，如解卷积、求倒谱、频率细化等，而且计算机虚拟仪器系统的开发更灵活、更方便。

2）由于集成技术和计算机技术的发展，数字系统成本降低，体积减小，速度提高，使推广使用有了物质基础。

3）数字系统可以分时操作，并且现已有各种应用程序库，使用效率高。由于 FFT 算法的提出，使傅里叶分析方法与现代计算机技术相结合，大大推动了数字信号处理的发展。

2. 数字信号处理的一般步骤

1）根据要求，建立正确的理论模型。

2）将模型用一组相互联系的基本运算来表示。

3）用专用数字硬件或通用计算机来实现算法，把信号变换成符合某种需要的形式。

3. 信号数字化处理基本步骤

数字信号处理系统的基本组成如图 5-1 所示。

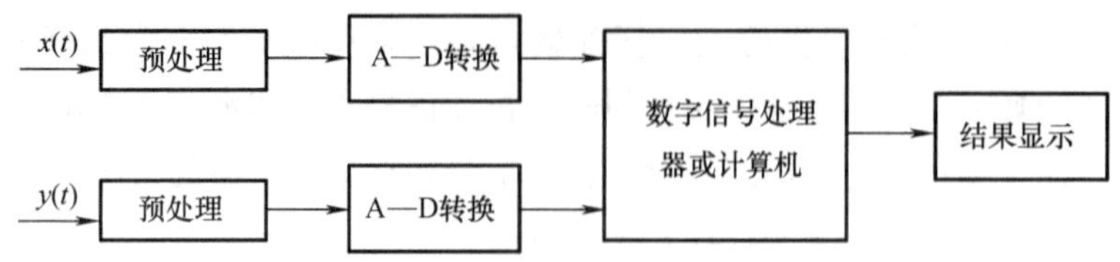

图 5-1　数字信号处理系统的基本组成

（1）信号的预处理　信号的预处理是指在数字处理之前，对信号用模拟方法进行的处理。应根据测试对象及测试信号的特点，考虑数字处理设备的能力，妥善安排预处理的内容，一般包括4个环节。

1）抗混叠滤波，滤去不必要的高频噪声和不重要的高频分量，压缩信号频宽。

2）消除常值分量，采用隔直电容或带通滤波器代替低通抗混叠滤波器。

3）电压幅值处理，以适应A-D转换动态范围。

4）如果信号经过调制，则应先行解调。

（2）A-D转换　将模拟信号进行采样、量化并转换二进制数字信号，以便后续的数字处理机、计算机等运算处理。

（3）数字化处理　数字信号处理通常采用计算机或专用数字信号处理器，并用数字计算方法对A-D转换后离散的时间序列进行运算处理，以便把信号转换成符合某种需要的形式。数字处理所涉及的问题一般有两大类，一类是理论问题，主要基于离散时间信号的线性时不变系统理论；另一类是现实问题，其基础是硬件功能和软件系统。

数字信号处理的主要内容有：

1）截断。首先要把长时间序列截断，因为计算机只能处理有限长度的数据。

2）识别、剔除奇异点。对数据中的奇异点——由于强干扰或信号丢失引起的数据突变，予以识别和剔除。

3）分离、去除趋势项。对温漂、时漂等系统性干扰所引起的趋势项——周期大于记录长度的频率部分，予以分离。

4）数字滤波。如有必要，还可以设计专门的程序来进行数字滤波。

5）按给定的程序进行运算，完成各种分析，包括相关分析、频谱分析、信号识别等。

数字信号处理中常用的运算方法有：

1）差分方程计算、相关系数计算。

2）离散傅里叶变换计算、功率频谱密度计算。

3）复频域变换及A-D和D-A转换等。

4）矩阵、对数、指数等运算。

5）在上述基本运算基础上的综合运算。

（4）模拟化或显示　运算结果可以直接显示或打印，一般采用数据和图形显示结果。若后接D-A，还可得到模拟信号。如有需要可将数字信号处理结果送入后接计算机或通过专门程序再做后续处理。

5.2.3　信号数字化出现的问题

在对信号进行数字化处理时，从模拟信号到数字信号的转换过程中，要经过截断、采样、量化等环节。

1. 采样及采样定理

（1）采样定义

1）时域采样。时域采样是把连续时间信号变成离散时间序列的过程，就是等间距地取点。而从数学处理上看，则是用采样函数去乘连续信号。

① 依据 FT 的卷积特性——时域相乘就等于频域作卷积。

② 依据 δ 函数的卷积特性——频域作卷积就等于频谱的周期延拓。

2）频域采样。使频率离散化，在频率轴上等间距地取点的过程。在数学处理上，是用采样函数去乘连续频谱。

① 依据 FT 的卷积特性——频域相乘就等于时域作卷积。

② 依据 δ 函数的卷积特性——时域作卷积就等于时域波形的周期延拓。

（2）采样的问题　主要是混叠和栅栏效应现象。

1）混叠。在频域中，如果平移距离过小，平移后的频谱就会有一部分相互交叠，从而使新合成的频谱与原频谱不一致，因而无法准确地恢复原时域信号，这种现象称为混叠。

① 混叠产生原因。采样频率 f_s 太低；原模拟信号不是有限带宽的信号。

② 消除措施。对非有限带宽的模拟信号，在采样之前先通过模拟低通滤波器滤去高频成分，使其成为带限信号。这种处理称为抗混叠滤波预处理；满足采样定理。

2）栅栏效应。采样的实质就是摘取采样点上对应的函数值，其效果有如透过栅栏的缝观看外景一样，只有落在缝隙前的少数景象被看到，其余景象都被栅栏挡住，视为零。这种现象称为栅栏效应。

① 栅栏效应的影响。时域采样和频域采样都有相应的栅栏效应。不过时域采样如满足采样定理要求，栅栏效应不会有什么影响。而频域采样的栅栏效应则影响很大，挡住或丢失的频率成分有可能是重要的或具有特征的成分，以致整个处理失去意义。

② 消除措施。减小频率采样间隔 Δf，即提高频率分辨力，则栅栏效应中被挡住的频率成分减少。但这往往增加计算工作量，可采用“频率细化技术”解决这一矛盾；对周期信号实行整周期截断，这是获得准确频谱的先决条件。

（3）采样定理　采样定理是信号采样的基本法则。

1）时域采样定理。为保证采样后信号能真实地保留原始模拟信号信息，信号采样频率 f_s 必须至少为原信号中最高频率成分 f_h 的 2 倍。即 $f_s > 2f_h$。

实际工程中采样频率通常大于信号中最高频率成分的 3 ~ 5 倍。

2）频域采样定理。在频域中对 $X(\omega)$ 采样等效于 $x(t)$ 在时域中重复，只要采样周期满足 $f_0 \leqslant 1/2f_m$，则在时域波形中不会产生混叠，用矩形脉冲作选通信号就可以无失真地恢复原信号 $x(t)$。

2. 量化和量化误差

（1）量化　把采样点上信号的瞬时幅值转换成二进制数字量的过程称为量化，即离散信号变成离散数字信号。量化一般由 A – D 转换器来实现。

（2）问题　在量化过程中的主要问题是量化误差。

（3）量化误差　若采样点的电平落在两相邻量化电平之间，就必须舍入到相近的一个量化电平上。量化电平与信号实际电平之间的差 $\varepsilon(n)$ 称为量化误差。即

$$\varepsilon(n) = x(n)_{实际} - x(n)_{量化电平}$$

对 A – D 转换器而言，两相邻量化电平之间的差为 Δx，则量化误差的最大值为 $\pm\dfrac{\Delta x}{2}$。

1）量化误差特点。将形成信号采样值上的随机噪声。

2）解决措施。提高 A－D 转换器的位数。考虑到位数增多后，成本显著增加，转换速率下降的问题，所以 A－D 转换器位数选择应视信号的具体情况和量化的精度要求而定。实际上，和信号获取、处理的其他误差相比，量化误差通常不大，所以一般可忽略其影响。

3. 截断、泄漏和窗函数

（1）截断　在进行测试信号处理时，不可能对无限长的信号进行测量和运算，而是取其有限的时间片段进行分析，这个过程称为信号截断。

1）截断方法。将无限长的信号乘以有限宽的窗函数。

2）截断处理。为便于数学处理，通常对截断的信号做周期延拓，得到虚拟的无限长的信号。

3）截断问题。产生能量泄漏。

（2）泄漏　由于矩形窗函数的频谱是一个无限带宽的 sinc 函数。所以即使 $x(t)$ 是带限信号，在截断后也仍然成为无限带宽的信号，这种信号的能量在频率轴分布扩展的现象称为泄漏。

1）产生泄漏的原因。窗函数的频谱是无限带宽的。

2）减小泄漏的措施。一是信号整周期截断；二是增大截断长度 T；三是选用合适的窗函数来对所截取的时域信号进行加权处理。

（3）窗函数　为了减少和抑制泄漏可选用不同形式的窗函数来截断信号，以满足不同的分析需要。

1）选择窗函数的原则。窗谱的主瓣要窄而高，以提高分辨率；旁瓣要小，正、负交替接近相等，以便减小泄漏。

2）窗函数的优劣评判。大致可从最大旁瓣峰值与主瓣峰值之比、最大旁瓣 10 倍频程衰减率和主瓣宽度三方面来评价。

3）常用窗函数。矩形窗、三角窗、汉宁窗、指数窗。

5.2.4　相关分析

相关技术是一门边缘科学，近 50 年来，它在微弱信号检测、力学、光学、声学、电子学、地震地质及神经生理学等领域日益得到广泛的应用。

所谓“相关”，是指变量之间的线性关系。对于确定性信号来说，两个变量之间可用函数关系来描述，一一对应并为确定的数值。两个随机变量之间就不同，但如果这两个变量之间具有某种内涵的物理联系，那么，通过大量统计就能发现它们之间还是存在着某种虽不精确却具有相应的表征其特性的近似关系。对于两个随机变量之间的相关程度常用相关系数来表示。

1. 互相关函数

它是两个时间函数（或随机信号）之间相互关系的一种描述，是利用两个信号相关函数的某些特性来检测信号。利用两个信号及其相互关系来检测某个信号的幅值和极性，已经在前述的相敏检波器中运用过，如环形相敏检波器。基于相关原理的相关滤波器实质上也是一个相敏检波器。

（1）互相关函数的定义　设 x（t）和 y（t）是两个连续时间函数（或两个各态历经的随机信号），则

$$R_{xy}(\tau) = \lim_{T\to\infty}\frac{1}{T}\int_0^T x(t)y(t+\tau)\mathrm{d}t \tag{5-1}$$

称为 x（t）和 y（t）的互相关函数。

式中，T 为进行平均的时间；τ 为从 $-\infty$ 到 ∞ 之间变化的延迟时间。

（2）互相关函数的计算

1）对于各态遍历的平稳的随机信号 $R_{xy}(\tau)=E[x(t)y(t+\tau)]$，用时间平均来计算统计平均，则

$$R_{xy}(\tau) = \lim_{T\to\infty}\frac{1}{T}\int_0^T x(t)y(t+\tau)\mathrm{d}t = \lim_{T\to\infty}\frac{1}{T}\int_0^T y(t)x(t-\tau)\mathrm{d}t \tag{5-2}$$

由于取平均的时间 T 不可能取无限长，因此一般情况下随机信号的 $R_{xy}(\tau)$ 通常用估算式计算。

2）连续随机信号的 $R_{xy}(\tau)$ 的估算式为

$$\hat{R}_{xy}(\tau) = \frac{1}{T}\int_0^T x(t)y(t+\tau)\mathrm{d}t \tag{5-3}$$

3）有限个序列点 N 的离散数字信号的 $R_{xy}(\tau)$ 估算式为

$$\hat{R}_{xy}(r) = \frac{1}{N}\sum_{n=0}^{N-1} x(n)y(n+r) \tag{5-4}$$

式中，$r=0$、1、2、3、…、m，$m<N$。

4）x（t）和 y（t）为周期信号时，$R_{xy}(\tau)$ 可直接写成计算式

$$R_{xy}(\tau) = \frac{1}{T}\int_0^T x(t)y(t+\tau)\mathrm{d}t \tag{5-5}$$

式中，T 为两周期信号的共同周期。

5）能量有限信号的 $R_{xy}(\tau)$ 的计算式为

$$R_{xy}(\tau) = \int_{-\infty}^{\infty} x(t)y(t+\tau)\mathrm{d}t \tag{5-6}$$

（3）互相关函数的意义　对于互相关函数抽象的定义，可以根据图 5-2 加以理解。式(5-1) 的实质就是把 y（t）相对于 x（t）不断地延迟 τ，τ 从 $-\infty$ 变到 ∞，即 y（t）从 t 轴的最右边移到最左边，在每延迟一个 τ 值时，则将 x（t）和 y（$t+\tau$）的相应瞬时值 x（t_i）和 y（$t_i+\tau$）两两相乘，然后求全部乘积的平均值（t 从 $-\infty$ 到 ∞），即 $R_{xy}(\tau)$。显然 $R_{xy}(\tau)$ 是 τ 的函数，即对应于每一个 τ 值都要做一次乘积和求平均的运算。这样做的意义与 $R_{xy}(\tau)$ 值的大小所能说明的问题是：设想在某个 τ 值时，$R_{xy}(\tau)$ 的值很大，说明 x（t）和 y（$t+\tau$）的瞬时值两两相乘时取“+”（或取“-”）号的概率很高，其均值才大；说明 x（t）和 y（$t+\tau$）在此 τ 值时两个波形很相似。若 $R_{xy}(\tau)$ 值很小或等于零，说明 x（t）和 y（$t+\tau$）瞬时值两两相乘时取“+”和取“-”号的概率相近，求乘积的平均值时，“+”的和“-”的互相抵消了，结果才使 $R_{xy}(\tau)$ 值很小或等于零；说明 x（t）

和 $y(t+\tau)$ 和在此 τ 值时两波形很不相似。因此 $R_{xy}(\tau)$ 的大小可以相对表明两个波形（或信号）相似的程度。这种性质在测试技术中得到了应用。但是由于 $R_{xy}(\tau)$ 中含有两信号幅值大小的因素，A、B 两信号的互相关函数与 C、D 两信号的互相关函数之间无可比性。当两信号在不同 τ 值时的 $R_{xy}(\tau)$ 值才具有可比性。

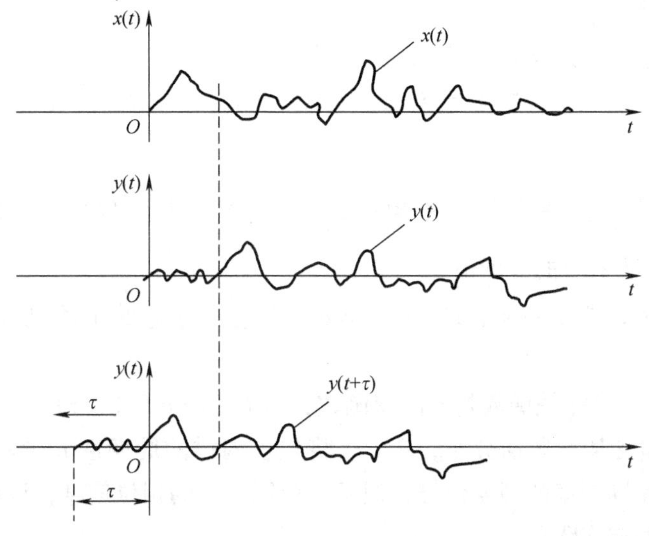

图5-2　互相关函数抽象的定义

（4）互相关函数的性质

1）取值范围为 $\mu_x\mu_y-\sigma_x\sigma_y\leqslant R_{xy}(\tau)\leqslant\mu_x\mu_y+\sigma_x\sigma_y$。$\mu_x$、$\mu_y$ 分别为随机变量 x、y 的均值；σ_x、σ_y 分别为随机变量 x、y 的标准差。

2）当 τ 足够大，$R_{xy}(\tau)\to\mu_x\mu_y$，或 $R_{xy}(\tau)=\mu_x\mu_y$。

3）$R_{xy}(\tau)$ 不是 τ 的偶函数，即 $R_{xy}(\tau)\neq R_{xy}(-\tau)$，但 $R_{xy}(\tau)=R_{yx}(-\tau)$。

4）如果 $x(t)$ 和 $y(t)$ 都是周期信号，则具有同频相关（$R_{xy}(\tau)\neq0$），不同频不相关（$R_{xy}(\tau)=0$）的性质。

同频相关是指两同频率的周期信号的互相关函数仍然是同频率的周期信号，且保留原了信号的相位信息。

5）正弦信号和余弦信号之间无论同频与否都不相关。

6）对于平稳的随机噪声，$R_{xy}(\tau)$ 仅与时间差 τ 有关，而与计时起点无关。

作为互相关函数的特殊情况，若 $x(t)=y(t)$，此时互相关函数演变成自相关函数。

2. 自相关函数

信号的自相关是描述信号在一个时刻的取值与另一个时刻取值的依赖关系。

（1）自相关函数的定义　对于各态历经的平稳的随机变量 $x(t)$ 与其自身的延迟 $x(t+\tau)$ 乘积的数学期望，称为自相关函数。记为 $R_x(\tau)$。即

$$R_x(\tau)=E[x(t)x(t+\tau)]$$

$R_x(\tau)$ 实际是一个随机信号 $x(t)$ 与其自身的延迟信号 $x(t+\tau)$ 乘积的统计平均值，对于平稳的各态历经的随机信号，通常用时间平均来计算上式的统计平均，则自相关函数定义为

$$R_x(\tau) = \lim_{T\to\infty} \frac{1}{T}\int_0^T x(t)x(t+\tau)\,\mathrm{d}t \tag{5-7}$$

自相关函数描述了信号自身不同时刻的相似程度，其值越大，说明过程中不同时刻之间的关联程度越强。自相关函数的意义可从 $R_{xy}(\tau)$ 理解，只是 $y(t)$ 换成了 $x(t)$ 本身。

（2）自相关函数的性质

1）取值范围为 $\mu_x^2 - \sigma_x^2 \leqslant R_x(\tau) \leqslant \mu_x^2 + \sigma_x^2$。

2）当 $\tau=0$ 时，$R_x(\tau)$ 具有最大值，即 $R_x(0) \geqslant R_x(\tau)$。$R_x(0)$ 反映随机信号的平均功率。即

$$R_x(\tau)_{\max} = R_x(0) = \lim_{T\to\infty} \frac{1}{T}\int_0^T x^2(t)\,\mathrm{d}t = E[x^2(t)] = \psi_x^2 \tag{5-8}$$

式中，$\psi_x{}^2$ 为随机变量 $x(t)$ 的方均值。

3）当 τ 足够大，或 $\tau\to\infty$，$R_x(\infty)=\mu_x{}^2$ 为直流分量的平均功率。当 $\mu_x{}^2=0$ 时，$R_x(\tau)\to 0$。

4）对于实信号，自相关函数是 τ 的偶函数，即 $R_x(\tau)=R_x(-\tau)$。

5）如果 $x(t)$ 包含某种周期分量，$R_x(\tau)$ 将包含同样的周期性分量。若 $x(t)$ 为周期信号，则 $R_x(\tau)$ 仍然是同频率的周期信号，但不保留原信号的相位信息，说明 $R_x(\tau)$ 仅与时间差 τ 有关，而与计时起点无关。

6）对于平稳的随机噪声信号，$R_x(\tau)$ 将随 τ 的增大快速衰减。

7）如果 $z(t)=x(t)+y(t)$，则 $R_z(\tau)=R_x(\tau)+R_y(\tau)$ (5-9)

（3）自相关函数的计算

1）连续随机信号 $x(t)$ 的 $R_x(\tau)$ 可用下式进行估算

$$\hat{R}_x(\tau) = \frac{1}{T}\int_0^T x(t)y(t+\tau)\,\mathrm{d}t \tag{5-10}$$

2）有限个序列点 N 的离散数字信号 $x(t)$ 的 $R_x(\tau)$ 估算式为

$$\hat{R}_x(r) = \frac{1}{N}\sum_{n=0}^{N-1} x(n)x(n+r) \tag{5-11}$$

式中，$r=0$、1、2、3、…、m，$m<N$。

3）周期信号 $x(t)$ 的 $R_x(\tau)$ 可直接写成计算式为

$$R_x(\tau) = \frac{1}{T}\int_0^T x(t)x(t+\tau)\,\mathrm{d}t \tag{5-12}$$

式中，T 为周期信号的周期。

4）能量有限信号的 $R_x(\tau)$ 计算式为

$$R_x(\tau) = \int_{-\infty}^{\infty} x(t)x(t+\tau)\,\mathrm{d}t \tag{5-13}$$

互相关函数和自相关函数仅说明了随机变量之间或随机变量与自身延迟之间是否有关联，若要考量它们关联的密切程度，需要计算相关系数。

3. 互相关系数

对于变量 $x(t)$、$y(t)$ 之间的相关程度常用互相关系数表示。

（1）互相关系数定义　随机变量 $x(t)$、$y(t)$ 与各自均值偏差乘积的数学期望与两个变量标准差乘积的比值，称为两个变量的互相关系数，记为 $\rho_{xy}(\tau)$。即

$$\rho_{xy}=\frac{E[(x-\mu_x)(y-\mu_y)]}{\sigma_x\sigma_y}=\frac{\int_{-\infty}^{\infty}x(t)y(t)\mathrm{d}t}{[\int_{-\infty}^{\infty}x^2(t)\mathrm{d}t\int_{-\infty}^{\infty}y^2(t)\mathrm{d}t]^{1/2}} \tag{5-14}$$

为了将互相关函数 $R_{xy}(\tau)$ 作为两波形相似性的一种度量，而又避免波形幅值的影响，当 $x(t)$ 和 $y(t)$ 均值为零时，可定义

$$\rho_{xy}(\tau)\frac{R_{xy}(\tau)}{\sqrt{R_x(0)R_y(0)}} \tag{5-15}$$

或

$$\rho_{xy}=\frac{R_{xy}(\tau)}{\sigma_x\sigma_y} \tag{5-16}$$

式中，$R_x(0)=R_x(\tau=0)=\sigma_x^2$；$R_y(0)=R_y(\tau=0)=\sigma_y^2$。

（2）互相关系数的性质

1）$\rho_{xy}(\tau)$ 是 τ 的函数，也可说 $\rho_{xy}(\tau)$ 是归一化的相关函数，可以证明 $|\rho_{xy}(\tau)|\leqslant 1$。

2）若 $|\rho_{xy}(\tau)|=1$，说明 $x(t)$ 和 $y(t)$ 是线性相关的，$y(t)=kx(t)$，k 为常数，即两波形完全相似。

3）若 $\rho_{xy}(\tau)=0$，说明 $x(t)$ 和 $y(t)$ 线性无关，两波形完全不相似。

4）若 $0<|\rho_{xy}(\tau)|<1$，说明 $x(t)$ 和 $y(t)$ 有一定程度的线性相关性。

4. 自相关系数

自相关系数是衡量随机变量 x（t）不同时间段之间线性相关密切程度的量。

（1）自相关系数定义　在统计学中，随机信号自相关函数减去其均值的二次方与其方均值之比，即

$$\rho_x(\tau)=\frac{\lim\limits_{T\to\infty}\frac{1}{T}\int_0^T[x(t)-\mu_x][x(t+\tau)-\mu_x]\mathrm{d}t}{\sigma_x^2}=\frac{\lim\limits_{T\to\infty}\frac{1}{T}\int_0^T x(t)x(t+\tau)\mathrm{d}t-\mu_x^2}{\sigma_x^2}$$

$$=\frac{R_x(\tau)-\mu_x^2}{\sigma_x^2} \tag{5-17}$$

称作 $x(t)$ 的自相关系数，记为 $\rho_x(\tau)$。

自相关系数描述了随机变量 $x(t)$ 与其自身延迟时间 τ 之后的波形之间的相关程度。

（2）自相关系数的性质

1）$\rho_z(\tau)$ 是 τ 的函数，且取值范围是 $|\rho_x(\tau)|\leqslant 1$。

2）若 $|\rho_x(\tau)|=1$，说明 $x(t)$ 与 $x(t-\tau)$ 是线性相关的，即两波形完全相似。

3）若 $\rho_x(\tau)=0$，说明 $x(t)$ 与 $x(t-\tau)$ 线性无关，两波形完全不相似。

4）若 $0<|\rho_x(\tau)|<1$，说明 $x(t)$ 与 $x(t-\tau)$ 有一定程度的线性相关性。

5. 相关分析的应用

（1）利用自相关技术从随机信号中提取周期信号　实践证明，只要信号中含有周期成分，其自相关函数在 τ 很大时都不衰减，并具有明显的周期性。不包含周期成分的随机信号，当 τ 稍大时自相关函数就将趋近于零。根据这个特点，利用自相关技术即可从随机信号中提取周期信号。

如 $x(t)=S(t)+N(t)$，$S(t)$ 为周期信号，$N(t)$ 为与 $S(t)$ 无关的随机信号。则有

$$R_{xx}(\tau)=R_{ss}(\tau)+R_{nn}(\tau)+R_{sn}(\tau)+R_{ns}(\tau)$$

式中，$R_{ss}(\tau)$为周期信号的自相关函数；$R_{nn}(\tau)$为随机信号的自相关函数；$R_{sn}(\tau)$为周期信号与随机信号的互相关函数；$R_{ns}(\tau)$为随机信号与周期信号的互相关函数。

由于$S(t)$与$N(t)$不相关，所以$R_{sn}(\tau)=R_{ns}(\tau)=0$。则

$$R_{xx}(\tau)=R_{ss}(\tau)+R_{nn}(\tau)$$

当$\tau\to\infty$时，$R_{nn}(\tau)=0$，所以$\underset{\tau\to\infty}{R_{xx}}(\tau)\to R_{ss}(\tau)$显然随着$\tau$的增加，$R_{xx}(\tau)$逐渐呈现与$S(t)$同频的周期信号。$R_{xx}(\tau)$的周期即$x(t)$中$S(t)$的周期，$R_{xx}(\tau)$的幅值大小包含有$S(t)$的幅值信息（但丢失了相位信息）。因此用自相关函数可以判断随机信号中是否含有周期信号。

（2）利用互相关技术进行相关测速　工程中常用两个间隔一定距离的传感器进行非接触测量运动物体的速度。例如，在高炉输送煤粉的管道中，在相距一定距离安装两套电容式相关测速装置，可以测量煤粉的流动速度和单位时间内的输煤量。图 5-3 所示为对管道内绝缘粉末流速v的测定。在管内相距为d的两处分别放置电容传感器 A 和 B 在一条流线上，且距离d较近。可以认为粉末密度在流经 A 和 B 处时基本相同，所以在 A 和 B 两电容上获得的信号波形$x(t)$和$y(t)$基本相似，而$y(t)$相对于$x(t)$延后时间τ。若求$x(t)$和$y(t)$的互相关函数，将$x(t)$延迟时间$\tau=\dfrac{d}{v}$时，$R_{yx}(\tau)$将出现极大值，即

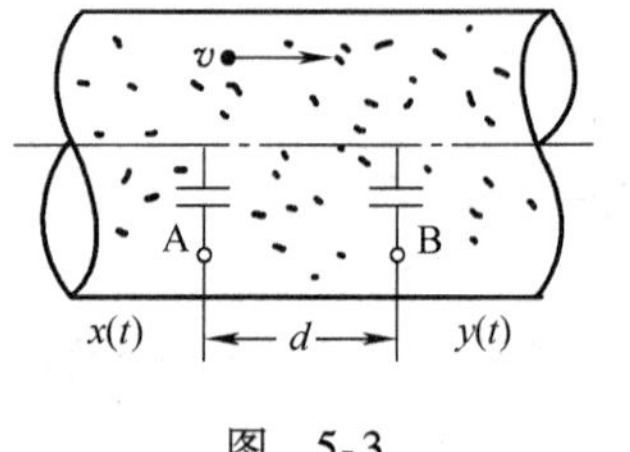

图　5-3

$$\hat{R}_{xy}(\tau)=\frac{1}{T}\int_0^T x(t-\tau)y(t)\,\mathrm{d}t$$

可以测出$R_{yx}(\tau)$出现极值的延迟时间τ，即可测出粉末流速$v=d/\tau$。

利用相关测速的原理，还可以测钢带、纸带速度，也可测轮船、飞机、汽车等的运动速度，可以达到较高精度。比如，在汽车前后轴上放置传感器，可以测量汽车在冰面上行驶时，车轮滑动加滚动的车速；在船体底部前后一定距离，安装两套向水底发射、接收声纳的装置，可以测量航船的速度；当然将复杂的模拟信号无失真地进行延迟很困难，实际应用时通常是转换成数字信号，其延迟运算可用很简单的移位操作完成，故常用数字相关器。

（3）利用互相关技术进行相关滤波　对一个线性系统（例如某个部件、结构或某台机床）激振，所测得的振动信号中常常含有大量的噪声干扰。根据线性系统的频率保持性，只有和激振频率相同的成分才可能是由激振而引起的响应，其他成分均是干扰。因此只要将激振信号和所测得的响应信号进行互相关（不必用时移，$\tau=0$）处理，就可以得到由激振而引起的响应幅值和相位差，消除了噪声干扰的影响。根据上述原理，用相关滤波可以在噪声背景下提取有用信息。

例如，为了获得淹没在噪声中的某种频率（ω_0）的周期信号的幅值X_0和相位角φ_0，可采用相关滤波器。利用互相关函数同频相关、不同频不相关的性质来达到滤波效果。

设

$$x(t)=X_0\sin(\omega_0 t+\varphi_0)+N(t)$$

式中，$N(t)$为噪声。

且

$$N(t)=\sum_{i=1}^{N}X_i\sin(\omega_i t+\varphi_i)$$

可选用一个频率为ω_0的无噪基准信号$y(t)$，且$y(t)=Y_0\sin\omega_0 t$。

相关滤波器框图如图5-4所示。实质上它是求$\tau=0$时的互相关函数$R_{xy}(\tau)$，即

$$R_{xy}(\tau)=E[x(t)y(t)]$$

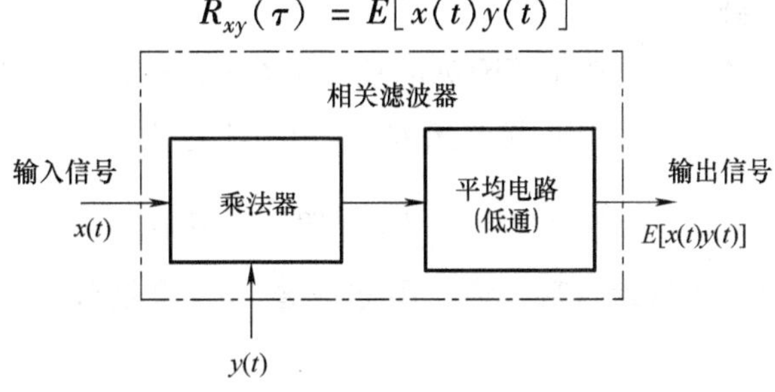

图 5-4

$E[x(t)y(t)]$是$x(t)y(t)$的统计平均值或数学期望。平均电路通常采用低通滤波器，其截止频率为ω_c。

计算$x(t)y(t)$的乘积得

$$\begin{aligned}x(t)y(t) &= \left[X_0\sin(\omega_0 t+\varphi_0)+\sum_{i=1}^{N}X_i\sin(\omega_i t+\varphi_i)\right]Y_0\sin\omega_0 t\\ &= \frac{X_0Y_0}{2}\cos\varphi_0-\frac{X_0Y_0}{2}\cos(2\omega_0 t+\varphi_0)+\sum_{i=1}^{N}\left\{\frac{X_iY_0}{2}\cos[(\omega_i-\omega_0)t+\varphi_i]-\right.\\ &\quad\left.\frac{X_iY_0}{2}\cos[(\omega_i+\omega_0)t+\varphi_i]\right\}\end{aligned}$$

若选低通截止频率$\omega_c\ll\omega_0$，所以$2\omega_0$、$\omega_0+\omega_i$、$\omega_i-\omega_0$都在截止频率之外，将被极大衰减或滤除。而$\frac{X_0Y_0}{2}\cos\varphi_0$是一个直流分量，即计算所求的均值，其中有幅值$X_0$和相位$\varphi_0$信息，$\varphi_0$不同则均值输出值不同，故它是一个相敏检波器。原则上只要选取足够长的平均时间，凡和基准频率ω_0不同的频率分量全部被滤除，即不同频不相关。所以相关滤波器是以基准信号频率ω_0为中心频率，以平均电路低通滤波器低通特性为外形对称的带通滤波器，如图5-5所示。

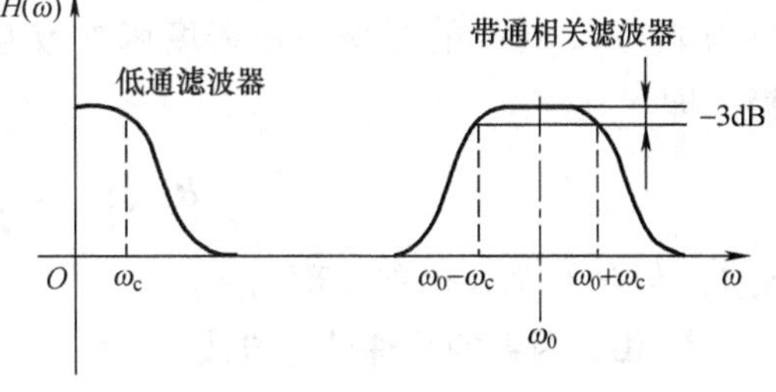

图 5-5

如果基准频率ω_0随某控制信号频率而变，如电动机转速脉冲或激振频率等，则相关滤波器中心频率则跟踪而变，但带宽不变（由低通带宽决定），因此可以构成恒带宽跟踪滤波器。

相关分析在故障诊断中也广泛应用。

5.2.5 功率谱分析

随机信号的时域无限，不具备可积条件，不能直接进行傅里叶变换，从理论上讲，一般不作幅值谱和相位谱分析，对应于时域的相关分析，在频域中用具有统计特性的功率谱密度作谱分析。

可见，相关函数是在时域中对信号分析处理，从噪声中提取周期信号，而功率谱则是在频域中分析信号。

1. 自功率谱密度函数 $S_x(f)$

随机信号的自功率谱密度函数是该随机信号自相关函数的傅里叶变换，记为 $S_x(f)$。

设 $x(t)$ 为零均值随机信号，其自相关函数 $R_x(t)$，则定义

$$S_x(f) = \int_{-\infty}^{\infty} R_x(\tau) e^{-j2\pi f\tau} d\tau \tag{5-18}$$

称为 $x(t)$ 的自功率谱密度函数或自功率谱，简称自谱。$S_x(f)$ 是双边自谱，自谱的傅里叶逆变换即为

$$R_x(\tau) = \int_{-\infty}^{\infty} S_x(f) e^{j2\pi ft} df \tag{5-19}$$

在物理意义上，$S_x(f)$ 与 f 轴包围的面积就是信号的平均功率，$S_x(f)$ 就是信号功率沿频率轴的分布密度，故称为自功率谱密度函数。

$S_x(f)$ 与幅值请 $X(f)$ 的关系为

$$S_x(f) = \lim_{\pm T\to\infty} \frac{1}{2T} |X(f)|^2 \tag{5-20}$$

$S_x(f)$ 是一个实偶函数，通常用非负频率上的单边功率谱密度函数分析信号更为方便，即

$$G_x(f) = 2S_x(f)(f > 0)$$

2. 互功率谱密度函数 $S_{xy}(f)$

随机信号的互功率谱密度函数是该随机信号互相关函数的傅里叶变换，记为 $S_{xy}(f)$。

设 $x(t)$ 和 $y(t)$ 为随机信号，其互相关函数 $R_{xy}(\tau)$，则定义

$$S_{xy}(f) \int_{-\infty}^{\infty} R_{xy}(\tau) e^{-j2\pi f\tau} d\tau \tag{5-21}$$

称为 $x(t)$ 和 $y(t)$ 的互功率谱密度函数或互谱。$S_{xy}(f)$ 为双边互谱，且互谱的傅里叶逆变换，即

$$R_{xy}(\tau) = \int_{-\infty}^{\infty} S_{xy}(f) e^{j2\pi f\tau} df \tag{5-22}$$

$S_{xy}(f)$ 包含了 $R_{xy}(\tau)$ 的全部信息。

3. 相关函数的几种计算方法

功率谱的计算有以下几种方法。第一种为布拉克－杜开（Blackman－Tukey）法，这种方法首先根据原始信号计算出相关函数，然后进行傅里叶变换而得到相应的功率谱函数；第二种为模拟滤波器法，它是采用模拟分析仪进行分析计算的一种方法；第三种是库立－杜开（Cooley－Tukey）法，即用 FFT 计算功率谱。前两种方法是较早采用的方法。由于计算机的飞速发展，用 FFT 算法进行实时、在线信号处理已经成为现实。

用有限长度 T 的样本记录来计算样本功率谱，并以此作为信号功率谱的初步估计值。

（1）模拟信号自谱的 FFT 算法的估计式

双边自谱
$$\tilde{S}_x(f) = \frac{1}{T} |X(f)|^2 \tag{5-23}$$

单边自谱
$$\tilde{G}_x(f) = \frac{2}{T} \mid X(f) \mid^2 \tag{5-24}$$

（2）数字信号自谱的FFT算法的估计式

双边自谱
$$\tilde{S}_x(k) = \frac{1}{N} \mid X(k) \mid^2 \tag{5-25}$$

单边自谱
$$\tilde{G}_x(k) = \frac{2}{N} \mid X(k) \mid^2 \tag{5-26}$$

（3）模拟信号互谱的FFT算法的估计式

$$\tilde{S}_{xy}(f) = \frac{1}{T}X^*(f)_i Y(f)_i \tag{5-27}$$

$$\tilde{S}_{yx}(f) = \frac{1}{T}X(f)_i Y^*(f)_i \tag{5-28}$$

（4）数字信号互谱的FFT算法的估计式

$$\tilde{S}_{xy}(k) = \frac{1}{N}X^*(k)Y(k) \tag{5-29}$$

$$\tilde{S}_{yx}(k) = \frac{1}{N}X(k)Y^*(k) \tag{5-30}$$

在初步估计的功率谱值中含有较大的随机误差，不能满工程应用的要求，应进行进一步处理。

（5）功率谱估计的误差原因及改进措施

1）统计误差。统计变异性引起的误差，是由于测量数据量有限而引起的不确定度；可通过平均化处理改进。

2）偏度误差。能量泄漏引起的误差，是谱分析中所固有的。可通过采用窗函数处理改进。

4. 功率谱分析的应用

（1）谱分析　分析信号的成分和结构。

自谱和幅值谱都能进行信号成分的结构分析，但两者有所不同。自谱与幅值谱的频域结构特征如下：

1）自谱$S_x(f)$为自相关函数$R_x(\tau)$的傅里叶变换，它包含了$R_x(\tau)$的全部信息。自谱和自相关分析都能有效地检测出信号中有无周期成分。

2）自谱$S_x(f)$与幅值谱$|X(f)|$的频域结构一致，$S_x(f)$比幅值谱$|X(f)|$有更突出的频谱特征，因为$S_x(f)$反映的是信号幅值的二次方（见教材图5-20）。

（2）求取装置和系统的频率响应函数$H(f)$　若系统输入为$x(t)$，输出为$y(t)$，则系统频率响应函数为

$$H(f) = \frac{Y(f)}{X(f)}$$

可以证明
$$S_y(f) = \mid H(f) \mid^2 S_x(f) \tag{5-31}$$

测出输入、输出的自谱，即可求出装置的幅频特性，即

$$|H(f)|^2 = \frac{S_y(f)}{S_x(f)}$$

但丢失相频特性。为了获取幅频和相频特性信息，可用

$$S_{xy}(f) = H(f)S_x(f) \tag{5-32}$$

或

$$H(f) = \frac{S_{xy}(f)}{S_x(f)}$$

式（5-32）说明用输入 $x(t)$ 的自谱及输入、输出信号的互谱 $S_{xy}(f)$，可求出系统的频率响应函数 $H(f)$。而且可以在系统工作时进行“在线测量”。特别是由于数字信号处理技术的发展，这种测试系统动态特性的方法省时、省工，广泛引入到各个技术领域。

（3）故障的判断和分析　据功率谱的变化来判断发生原因，以便排除。

（4）用来检测信号的周期成分　周期成分在实测的自功率谱密度图形中以陡峭有限峰值的形态出现。

5.2.6　相干函数及相干分析

相干函数是在频域内鉴别两信号相关程度的指标。评价系统输入、输出信号之间的因果性，即输出信号的功率谱中有多少是输入量引起的响应，可以用相干函数表征。

（1）相干函数的定义　两信号 $x(t)$ 和 $y(t)$ 的自谱和互谱分别为 $S_x(f)$、$S_y(f)$、$S_{xy}(f)$，则两信号之间的相干函数 $\gamma_{xy}^2(f)$ 定义为

$$\gamma_{xy}^2(f) = \frac{|S_{xy}(f)|^2}{S_x(f)S_y(f)} \quad \left(0 \leqslant \gamma_{xy}^2(f) \leqslant 1\right) \tag{5-33}$$

（2）相干函数的性质

1）相干函数为0，则输入、输出信号不相干。

2）相干函数为1，则输入、输出信号完全相干，系统不受干扰且是线性的。

3）相干函数为0～1，则有3种情况：

① 测试中有外界噪声干扰。

② 输出是输入和其他输入的综合输出。

③ 系统是非线性的。

（3）相干分析的应用

1）系统因果性检验，用相干函数鉴别输出信号中有多少是输入信号引起的。

2）鉴别物理结构不同的响应信号之间的联系。例如，对船用柴油机润滑油泵压油管振动和压力脉冲间的相干分析，分析结果是，油管的振动主要是由油压脉动引起的。又如，为一个汽轮压缩机组中两个通道的信号的相干分析，分析结果是，这两个通道的振动主要是由相同的原因引起的。

5.2.7　难点分析

1）对采样、混叠、截断、泄漏和窗函数等概念的理解。

2）在信号数字化处理中，确定分析信号的长度和数据点数，选择信号截断长度是个难

点，需要进行有关的计算和实际工作经验，要尽量满足按主要信号的整周期截取，以避免“栅栏效应”造成的误差即丢掉了主要的信号频谱。

3）窗函数的选择，泄漏与窗函数频谱的旁瓣有关，窗函数旁瓣越小，相应的泄漏误差也越小。所以选择合适的窗函数也是信号处理中的重要问题之一。需掌握各种窗函数的特点，根据具体分析得出的需求选择合适的窗函数。

4）进行 FFT，按照任务要求编制或选用相应的程序，完成自谱、互谱、自相关、互相关、模态分析或概率分析等任务，必要时还可进行二次处理。数字信号处理可以在通用计算机上实现，也可在专用数字信号处理机上快速有效地完成复杂的数字信号处理工作。

5）输入、输出与装置特性在不同域中的关系，是学习机械工程测试技术的比较难掌握的内容。现汇总如下，见表 5-1，以便比较、梳理和记忆。

表 5-1　输入、输出与装置特性在不同域中的关系

领域及关系	输入及变换	装置特性	输出及变换
时域	$\delta(t)$	⇒ 脉响 $h(t)$ 微分方程 传递函数 $H(s)$ 频率响应函数 $H(f)$ ⇒	$h(t)$
	$x(t)$		$y(t)$
频域	$X(s)$		$Y(s)$
	$X(f)$		$Y(f)$
时域	$R_x(\tau)$		$R_y(\tau), R_{xy}(\tau)$
频域	$S_x(f)$		$S_y(f), S_{xy}(f)$
时域关系	$x(t)$	$h(t) = \int_{-\infty}^{\infty} H(f) e^{j2\pi ft} df$	$y(t) = h(t) * x(t)$
复频域关系	$X(s) = \int_0^{\infty} x(t) e^{-st} dt$	$H(s) = \dfrac{Y(s)}{X(s)}$	$Y(s) = H(s)X(s)$
频域关系	$X(f) = \int_{-\infty}^{\infty} x(t) e^{-j2\pi ft} dt$	$H(f) = \dfrac{Y(f)}{X(f)}$	$Y(f) = H(f)X(f)$
	$S_x(f) = \int_{-\infty}^{\infty} R_x(\tau) e^{-j2\pi f\tau} d\tau$	$H(f) = \dfrac{S_{xy}(f)}{S_x(f)}$	$S_y(f) = \lvert H(f) \rvert^2 S_x(f)$
			$S_{xy}(f) = H(f) S_x(f)$
	$\gamma_{xy}^2(f) = \dfrac{\lvert S_{xy}(f) \rvert^2}{S_x(f) S_y(f)}$		

5.3　典型题解析

【例 5-1】　若 $x(t) = X_0 \sin\omega t$，$y(t) = Y_0 \sin\omega t$，求 $R_{xy}(\tau)$、$\rho_{xy}(\tau)$。

解：据题意可知，这是两个周期信号，且频率相同。解此题可直接利用周期信号的 $R_{xy}(\tau)$ 公式，并代入已知条件计算，得

$$R_{xy}(\tau) = \frac{1}{T}\int_0^T X_0 \sin\omega t Y_0 \sin\omega(t+\tau) dt$$

$$= \frac{1}{T}\int_0^T X_0 Y_0 \sin\omega t \sin(\omega t + \omega\tau) dt$$

运用三角函数积化和差公式，可得

$$R_{xy}(\tau) = \frac{X_0Y_0}{2T}\int_0^T \cos(\omega t + \omega\tau - \omega t)\mathrm{d}t - \frac{X_0Y_0}{2T}\int_0^T \cos(\omega t + \omega\tau + \omega t)\mathrm{d}t$$

$$= \frac{X_0Y_0}{2T}\cos\omega\tau t\mid_0^T$$

所以

$$R_{xy}(\tau) = \frac{X_0Y_0}{2}\cos\omega t$$

同理，可根据自相关函数的公式求得

$$R_x(\tau) = \frac{X_0^2}{2}\cos\omega t \quad R_x(0) = R_x(\tau = 0) = \frac{X_0^2}{2}$$

$$R_y(\tau) = \frac{Y_0^2}{2}\cos\omega t \quad R_y(0) = R_y(\tau = 0) = \frac{Y_0^2}{2}$$

代入式（5-15）中，计算互相关系数，得

$$\rho_{xy}(\tau) = \frac{\frac{X_0Y_0}{2}\cos\omega t}{\sqrt{\frac{X_0^2}{2}\frac{Y_0^2}{2}}}$$

所以

$$\rho_{xy}(\tau) = \cos\omega t$$

分析说明：从计算结果可知，两个信号的互相关函数和互相关系数均不为零，根据互相关的性质可知，信号 $x(t)$ 和 $y(t)$ 是线性相关的。而且，$R_{xy}(\tau)$ 和 $\rho_{xy}(\tau)$ 均与 $x(t)$ 和 $y(t)$ 同频率。同时在 $R_{xy}(\tau)$ 中保留了 $x(t)$ 和 $y(t)$ 幅值信息。这也验证了两个周期信号同频相关，不同频不相关的结论。

解题要点：熟悉周期信号互相关函数、自相关函数和互相关系数的计算公式和性质。

【例 5-2】 设 $x(t) = X_0\sin\omega t$，$y(t) = Y_0\sin(\omega t + \varphi_0)$，求 $R_{xy}(\tau)$。

解：由已知条件看出，$x(t)$ 和 $y(t)$ 是两个同频不同相的周期信号，可按互相关函数的定义或周期信号的特点求解。即

$$R_{xy}(\tau) = \frac{1}{T}\int_0^T X_0\sin\omega t Y_0\sin[\omega(t+\tau) + \varphi_0]\mathrm{d}t$$

$$= \frac{1}{T}\int_0^T X_0Y_0\sin\omega t\sin(\omega t + \omega\tau + \varphi_0)\mathrm{d}t$$

$$= \frac{X_0Y_0}{2T}\int_0^T \cos(\omega t + \omega\tau + \varphi_0 - \omega t)\mathrm{d}t -$$

$$\frac{X_0Y_0}{2T}\int_0^T \cos(\omega t + \omega\tau + \varphi_0 + \omega t)\mathrm{d}t$$

$$= \frac{X_0Y_0}{2T}\int_0^T \cos(\omega t + \varphi_0)\mathrm{d}t + 0$$

$$= \frac{X_0Y_0}{2T}\int_0^T \cos(\omega t + \varphi_0)t\mid_0^T$$

所以 $$R_{xy}(\tau) = \frac{X_0Y_0}{2}\cos(\omega t + \varphi_0)$$

分析说明：互相关函数 $R_{xy}(\tau)$ 不仅包含 $x(t)$ 和 $y(t)$ 的幅值信息，而且还包含两信号之间相位差 φ_0 的信息。

解题要点：掌握互相关函数的定义，理解其意义。在统计学理论中，互相关函数就是两个随机变量乘积的统计平均值。了解周期信号是一个零均值的各态历经随机过程，作为随机信号的特例，其在一个周期内信号的变化经历了各种状态，因此，可以用一个共同周期内的平均值代替其整个历程的平均值，所以求周期信号的互相关函数仅取一个周期求积分即可。

【例5-3】 试求两个不同频的正、余弦信号的互相关函数，已知 $x(t) = X_0\sin\omega_i t$，$y(t) = Y_0\cos\omega_j t$。

解：直接利用周期信号互相关函数公式计算得

$$R_{xy}(\tau) = \frac{1}{T}\int_0^T X_0\sin\omega_i t Y_0\cos\omega_j(t+\tau)\mathrm{d}t$$

式中，T 为 $x(t)$ 和 $y(t)$ 的共同周期或足够长的取平均的时间。经积化和差化简后得

$$R_{xy}(\tau) = \frac{X_0Y_0}{2T}\int_0^T \sin[(\omega_i+\omega_j)t+\omega\tau]\mathrm{d}t + \frac{X_0Y_0}{2T}\int_0^T \sin[(\omega_i-\omega_j)t-\omega\tau]\mathrm{d}t$$

根据高等数学函数的积分性质可知，正弦函数是奇函数，它在一个周期内的积分为0。所以在本例中，由于在足够长的时间 T 内，正弦信号在多个周期内的积分（均值）都应为零。故

$$R_{xy}(\tau) = 0$$

分析说明：计算结果 $R_{xy}(\tau) = 0$，根据互相关函数的性质可知，信号 $x(t)$ 和 $y(t)$ 完全无关。这也验证了两个周期信号不同频不相关的结论。

解题要点：熟练掌握互相关函数的定义、性质、计算公式以及三角函数积分的正交性和对称区间上奇函数的积分性质等。

【例5-4】 求随机噪声 $x(t)$ 的自相关函数 $R_x(\tau)$。

解：根据自相关函数的定义有

$$R_x(\tau) = \lim_{T\to\infty}\frac{1}{T}\int_0^T x(t)x(t+\tau)\mathrm{d}t$$

实践证明，一般的随机噪声具有图5-6所示的形态。显然，由于 $x(t)$ 和 $x(t+\tau)$ 随 τ 的增加，其相关性减小，故 $\underset{|\tau|\to\infty}{R_x(\tau)} = 0$。

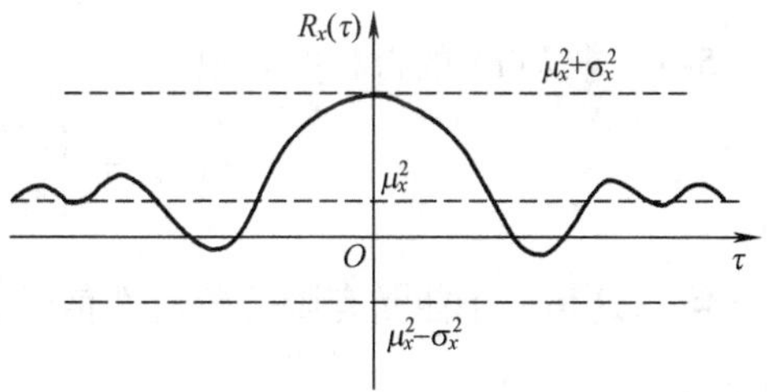

图5-6 例5-4图

而当 $\tau=0$ 时，此时 $R_x(\tau)$ 具有最大值，可以证明当 $\tau=0$ 时，$R_x(0) \geqslant R_x(\tau)$。

证明：对于各态遍历的平稳随机噪声，其自相关函数为

$$R_x(\tau) = E[x(t)x(t+\tau)]$$

若 $$[x(t) \pm x(t+\tau)]^2 \geqslant 0$$

则 $$\lfloor x^2(t) + x^2(t-\tau)\rfloor \geqslant 2x(t)x(t-\tau)$$

两边取数学期望值，得

$$R_x(0) \geqslant R_x(\tau)。$$

分析说明：当 $\tau=0$ 时，$x(t+\tau)=x(t)$，$R_x(\tau)$ 具有最大值 $R_x(0)$，随机噪声 $x(t)$ 与它自身延迟信号 $x(t+\tau)$ 的相关性最高，即完全相关。

解题要点：深刻理解互相关函数的定义、意义和性质；熟悉随机变量数学期望的含义和计算方法。

5.4 复习思考题

1. 数字信号处理的一般步骤是什么？有哪些问题值得注意？
2. 频率混叠是怎样产生的？有什么解决途径？
3. 何谓栅栏效应？如何避免？
4. 相关函数与相关系数有何差别？相关分析有什么主要用途？举例说明。
5. 互相关函数和相关滤波器有什么联系和差异？计算框图有何异同？
6. 相关滤波器为什么具有相敏检波器功能？如何使其成为恒带宽跟踪滤波器？
7. 自功率谱和幅值频谱有什么区别？又有什么关系？
8. 如何利用输入、输出信号的功率谱分析来测试系统的频率响应函数？为什么要同时测试相干函数？
9. 若用相关滤波器提取噪声中隐含的周期信号的幅值 X_0 和相位 φ_0，只用单路基准信号是否可以达到此目的？如何才能真正测出 X_0 和 φ_0（提示：要用两路互相正交的正、余弦信号作为相关滤波器的基准信号）？

5.5 习题解答

5-1 求 $h(t)$ 的自相关函数。

$$h(t)=\begin{cases}e^{-at} & (t\geqslant 0,\ a>0)\\ 0 & (t<0)\end{cases}$$

解：这是一个能量有限的确定性信号。根据公式 $R_x(\tau)=\int_{-\infty}^{\infty}x(t)x(t+\tau)\mathrm{d}t$，代入已知条件得

$$R_{\mathrm{h}}(\tau)=\int_{-\infty}^{\infty}h(t)h(t+\tau)\mathrm{d}t=\int_{-\infty}^{\infty}e^{-at}e^{-a(t+\tau)}\mathrm{d}t=\frac{1}{2a}e^{-a\tau}$$

5-2 假定有一个信号 $x(t)$，它由两个频率、相角均不等的余弦函数叠加而成，其数学表达式为

$$x(t)=A_1\cos(\omega_1 t+\varphi_1)+A_2\cos(\omega_2+\varphi_2)$$

求该信号的自相关函数。

解：设 $x_1(t)=A_1\cos(\omega_1 t+\varphi_1)$，$x_2(t)=A_2\cos(\omega_2 t+\varphi_2)$，两者均为周期信号，故

$$R_{x_1}(\tau)=\frac{1}{T_1}\int_0^{T_1}A_1\cos(\omega_1 t+\varphi_1)A_1\cos[\omega_1(t+\tau)+\varphi_1]\mathrm{d}t$$

$$= \frac{A_1^2}{T_1}\int_0^{T_1}\frac{1}{2}\{\cos[\omega_1 t+\varphi_1+\omega_1(t+\tau)+\varphi_1]\cos[\omega_1 t+\varphi_1-\omega_1(t+\tau)-\varphi_1]\}\mathrm{d}t$$

$$= \frac{A_1^2}{2T_1}\left[\int_0^{T_1}\cos(2\omega_1 t+\omega_1\tau+2\varphi_1)\mathrm{d}t+\int_0^{T_1}\cos(-\omega_1\tau)\mathrm{d}t\right]$$

$$= 0+\frac{A_1^2}{2T_1}t\cos(\omega_1\tau)\Big|_0^{T_1} = \frac{A_1^2}{2}\cos(\omega_1\tau)$$

同理可求得

$$R_{x_2}(\tau) = \frac{A_2^2}{T_2}\cos(\omega_2\tau)$$

根据 $R_x(\tau)$ 的性质有 $x(t) = x_1(t)+x_2(t)$，则 $R_x(\tau) = R_{x_1}(\tau)+R_{x_2}(\tau)$，故

$$R_x(\tau) = \frac{A_1^2}{T_1}\cos\omega_1\tau+\frac{A_2^2}{T_2}\cos\omega_2\tau$$

计算结果表明，自相关函数保留了原信号中全部周期分量的频率和幅值信息，而丢失了各分量的相位信息。周期信号自相关函数的曲线为各周期分量自相关函数的叠加。

5-3 求方波和正弦波（见图 5-7，教材图 5-24）的互相关函数。

解：方波和正弦波都是周期信号。

设正弦信号为 $x(t) = \sin(\omega t)$。方波信号为

$$y(t) = \begin{cases} -1 & (0 \leqslant t < T/4) \\ 1 & (T/4 \leqslant t < 3T/4) \\ -1 & (3T/4 \leqslant T) \end{cases}$$

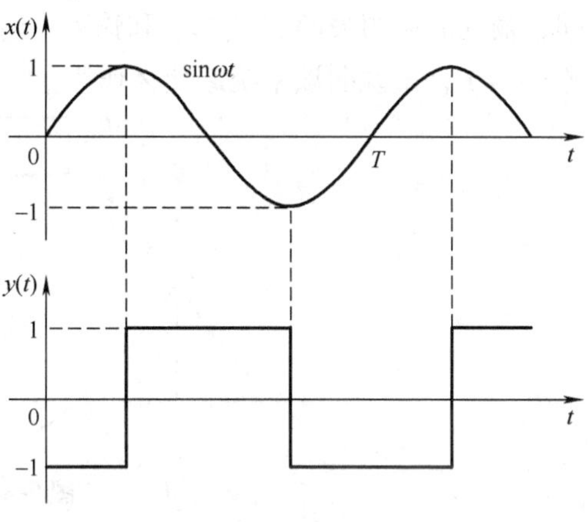

图 5-7 题 5-3 图

直接利用周期信号互相关函数的计算公式求解。可采用两种方法。

方法 1：按方波分段直接计算 $R_{xy}(\tau)$，即

$$R_{xy}(\tau) = \frac{1}{T}\int_0^T x(t)y(t+\tau)\mathrm{d}t = \frac{1}{T}\int_0^T x(t-\tau)y(t)\mathrm{d}t$$

$$= \frac{1}{T}\int_0^{T/4}(-1)\sin\omega(t-\tau)\mathrm{d}t+\int_{T/4}^{3T/4}\sin\omega(t-\tau)\mathrm{d}t+\int_{3T/4}^{T}(-1)\sin\omega(t-\tau)\mathrm{d}t$$

$$= \frac{2}{\pi}\sin\omega\tau$$

方法 2：将方波展开为三角级数，其基频信号与 $x(t)$ 同频有相关性，而 3ω，5ω 等高次谐波与 $x(t)$ 不同频不相关，可不计算，只计算 $y(t)$ 基波与 $x(t)$ 的互相关函数即可。

方波展开式为

$$y(t) = -\frac{4}{\pi}\left(\cos\omega t-\frac{1}{3}\cos 3\omega t+\frac{1}{5}\cos 5\omega t+\cdots\right)$$

取基波 $-\frac{4}{\pi}\cos\omega t$ 与 $x(t)$ 求互相关函数，得

$$\begin{aligned} R_{xy}(\tau) &= \frac{1}{T}\int_0^T x(t)y(t+\tau)\mathrm{d}t \\ &= \frac{1}{T}\int_0^T \sin\omega t\left[-\frac{4}{\pi}\cos\omega(t+\tau)\right]\mathrm{d}t \\ &= -\frac{4}{\pi T}\int_0^T \sin\omega t\cos(\omega t+\omega\tau)\mathrm{d}t \\ &= -\frac{2}{\pi T}\left[\int_0^T \sin(\omega t+\omega t+\omega\tau)\mathrm{d}t + \int_0^T \sin(\omega t-\omega t-\omega\tau)\mathrm{d}t\right] \\ &= -\frac{2}{\pi T}\left[\int_0^T \sin(2\omega t+\omega\tau)\mathrm{d}t - \int_0^T \sin(\omega\tau)\mathrm{d}t\right] \\ &= -\frac{2}{\pi T}\left[0-\sin(\omega\tau)t\Big|_0^T\right] = \frac{2}{\pi T}T\sin\omega\tau = \frac{2}{\pi}\sin\omega\tau \end{aligned}$$

5-4　某一系统的输入信号为 $x(t)$（见图 5-8，教材图 5-25），若输出 $y(t)$ 与输入 $x(t)$ 相同，输入的自相关函数 $R_x(\tau)$ 和输入－输出的互相关函数 $R_{xy}(\tau)$ 之间的关系为 $R_x(\tau)=R_{xy}(\tau+T)$，试说明该系统起什么作用？

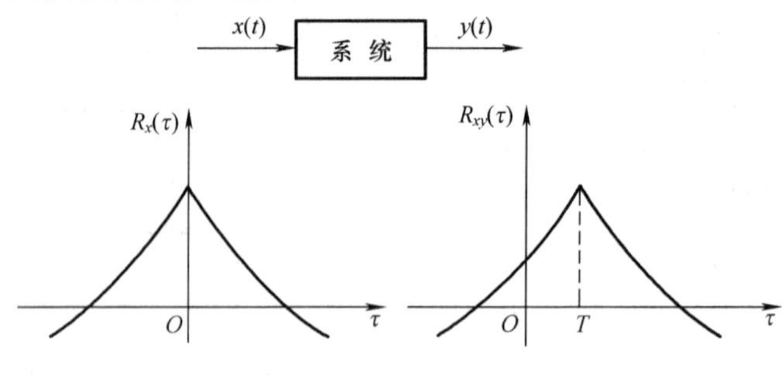

图 5-8　题 5-4 图

解：由图 5-8 可知 $R_x(\tau)=R_{xy}(\tau+T)$，即

$$\lim_{T\to\infty}\frac{1}{2T}\int_{-T}^{T}x(t)x(t+\tau)\mathrm{d}t = \lim_{T\to\infty}\frac{1}{2T}\int_{-T}^{T}x(t)y(t+\tau+T)\mathrm{d}t$$

必然有

$$x(t+\tau) = y(t+\tau+T)$$

$$x(t) = y(t+T)$$

所以

$$y(t) = x(t-T)$$

计算结果说明，该系统是一个延时系统，它将输入信号不失真地延迟了时间 T。

5-5　试根据一个信号的自相关函数图形，讨论如何确定该信号中的常值分量和周期成分。

解：若信号为 $x(t)=\mu_x+x_1(t)$，式中，μ_x 为均值，$x_1(t)$ 是去掉均值后的波动分量，也可说是均值为零的波动信号。按定义有

$$R_x(\tau) = \lim_{T\to\infty}\frac{1}{T}\int_0^T x(t)x(t+\tau)\mathrm{d}t$$

代入所设条件得

$$\begin{aligned}R_x(\tau) &= \lim_{T\to\infty}\frac{1}{T}\int_0^T[\mu_x + x_1(t)][\mu_x + x_1(t+\tau)]\mathrm{d}t\\ &= \lim_{T\to\infty}\frac{1}{T}\int_0^T[\mu_x^2 + \mu_x x_1(t) + \mu_x x_1(t+\tau) + x_1(t)x_1(t+\tau)]\mathrm{d}t\\ &= \lim_{T\to\infty}\frac{1}{T}\left[\int_0^T\mu_x^2\mathrm{d}t + \int_0^T\mu_x x_1(t)\mathrm{d}t + \int_0^T\mu_x x_1(t+\tau)\mathrm{d}t + \int_0^T x_1(t)x_1(t+\tau)\mathrm{d}t\right]\\ &= \mu_x^2 + 0 + 0 + R_{x_1}(\tau) = \mu_x^2 + R_{x_1}(\tau)\end{aligned}$$

根据 $x_1(t)$ 的性质，当时间 $T\to\infty$ 时，它的积分平均值为零，所以上式第二、三项必为零，故

$$R_x(\tau) = \mu_x^2 + R_{x_1}(\tau)$$

结果分析：上式说明，均值不为零的信号 $x(t)$，其自相关函数 $R_x(\tau)$ 是均值的二次方与去掉均值后波动信号 $x_1(t)$ 的自相关函数 $R_{x_1}(\tau)$ 之和。如果信号 $x_1(t)$ 中不含周期成分，则根据自相关函数的性质可知，当 $\tau\to\infty$ 时，$R_{x_1}(\infty) = 0$，此时 $R_x(\infty) = \mu_x^2$，即为常值分量；如果信号 $x_1(t)$ 中含有周期成分，设其幅值为 X_0，则 $R_x(\tau)$ 中必含有同频的周期分量，当 $\tau\to\infty$ 时，$R_x(\tau)$ 的常值分量趋向于 μ_x^2，其周期性波动分量的幅值为 $\frac{X_0^2}{2}$，$R_x(\tau)$ 波动的周期就是信号 $x_1(t)$ 中周期信号的周期。$R_x(\tau)$ 图形见教材图 5-13。

根据以上分析的结论，便可从自相关函数的图形中确定信号的常值分量和周期分量的周期及幅值。含有简谐周期分量的自相关函数图形如图 5-9 所示。

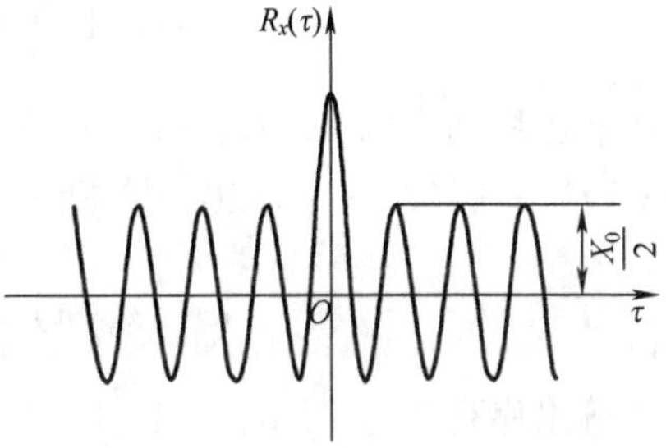

图 5-9　题 5-5 图

5-6　已知信号的自相关函数为 $A\cos\omega\tau$，请确定改信号的方均值 ϕ_x^2 和方均根值 x_{rms}。

解：由题意知，$R_x(\tau) = A\cos\omega\tau$，则方均值为

$$\phi_x^2 = R_x(0) = A\cos 0° = A$$

方均根值为

$$x_{\mathrm{rms}} = \sqrt{\phi_x^2} = \sqrt{A}$$

5-7　应用巴塞伐尔定理求 $\int_{-\infty}^{\infty}\mathrm{sinc}^2(t)\mathrm{d}t$ 的积分值。

解：令 $x(t) = \sin\mathrm{c}(t) = \frac{\sin(t)}{t}$，$x(t)$ 的傅里叶变换为

$$x(f) = \begin{cases}\pi & \left(-\frac{1}{2\pi} < f < \frac{1}{2\pi}\right)\\ 0 & 其他\end{cases}$$

根据巴塞伐尔定理有能量等式

$$\int_{-\infty}^{\infty}x^2(t)\mathrm{d}t = \int_{-\infty}^{\infty}|x(f)|^2\mathrm{d}t$$

所以 $\int_{-\infty}^{\infty}\mathrm{sinc}^2(t)\mathrm{d}t = \int_{-\infty}^{\infty}x^2(t)\mathrm{d}t = \int_{-\infty}^{\infty}|X(f)|^2\mathrm{d}f = \int_{-\frac{1}{2\pi}}^{\frac{1}{2\pi}}\pi^2\mathrm{d}f = \pi^2\left(\frac{1}{2\pi} + \frac{1}{2\pi}\right) = \pi$

5-8　对3个正弦信号 $x_1(t)=\cos 2\pi t$、$x_2(t)=\cos 6\pi t$、$x_3(t)=\cos 10\pi t$ 进行采样，采样频率 $f_s=4\text{Hz}$，求3个采样输出序列，比较这3个结果，画出 $x_1(t)$、$x_2(t)$、$x_3(t)$ 的波形及采样点位置，并解释频率混叠现象。

解：根据时域采样定义

$$x(n)=\sum_{n=0}^{N-1}x_i(t)\delta(t-nT_s)$$

设采样从 $t=0$ 时刻开始，采样周期 $T_s=1/f_s=1/4$，信号的采样时长 $T=nT_s=n/4$，代入上式得

$$x(n)=\sum_{n=0}^{N-1}x_i(nT_s)\delta(t-\frac{n}{4})$$

当 $x_i(t)=x_1(t)=\cos 2\pi t$，则

$$x_1(n)=\sum_{n=0}^{N-1}x_1(t)\delta(t-nT_s)=\sum_{n=0}^{N-1}\cos(2n\pi T_s)\delta(t-\frac{n}{4})=\sum_{n=0}^{N-1}\cos\left(\frac{n\pi}{2}\right)\delta\left(t-\frac{n}{4}\right)$$

采样输出序列1为1，0，−1，0，1，0，−1，0，…。

同理，可推出采样序列2和序列3：

当 $x_i(t)=x_2(t)=\cos 6\pi t$，则

$$x_2(n)=\sum_{n=0}^{N-1}\cos\left(\frac{3n\pi}{2}\right)\delta\left(t-\frac{n}{4}\right)$$

采样输出序列2为1，0，−1，0，1，0，−1，0，…。

当 $x_i(t)=x_3(t)=\cos 10\pi t$，则

$$x_3(n)=\sum_{n=0}^{N-1}\cos\left(\frac{5n\pi}{2}\right)\delta\left(t-\frac{n}{4}\right)$$

采样输出序列3为1，0，−1，0，1，0，−1，0，…。

分析：从计算结果及采样脉冲图形可以看出，虽然这3个信号频率不同，但采样后输出的3个脉冲序列却是相同的，产生了频率混叠，这3个脉冲序列反映不出3个信号的频率特征，主要原因是，对信号 $x_2(t)$ 和 $x_3(t)$ 来说，采样频率 $f_s<2f_n$，不符合采样定理。脉冲图如图5-10所示。

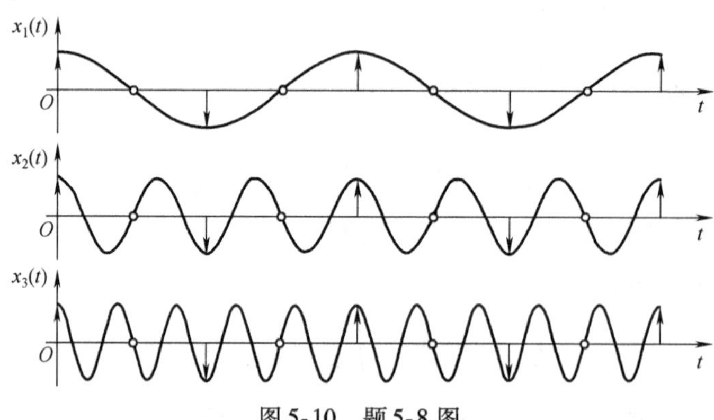

图5-10　题5-8图

第6章 位移测量

6.1 学习要求及学习方法

1）掌握常用位移传感器的结构、原理、性能、特点及适用范围。

2）了解回转轴径向运动误差的测量。

3）理解位移测量的实际应用。

4）在学习方法上，要与第3章的有关内容结合起来，注意理论联系实际，通过实验加深对知识的消化、理解。机械工程中经常要求测量位移。测量时应当根据不同的测量对象，选择测量点、测量方向和测量系统，其中传感器对测量精度影响很大，必须特别重视。

6.2 学习要点与难点分析

6.2.1 概述

位移测量是线位移和角位移测量的统称。实际上就是长度和角度的测量。位移是物体上某一点在一定方向上的位置变化，因此位移是矢量。因而对长度位移的测量，应使测量方向与位移方向重合，这样才能真实地测量出位移量的大小。若测量方向与位移方向不重合，则测量结果仅是该位移量在测量方向上的分量。

位移测量在工程中应用很广。这不仅因为机械工程中经常要求精确地测量零部件的位移、位置和尺寸，而且许多机械量的测量往往可以先通过适当地转换变成为位移的测量，然后再换算成相应的被测物理量。

（1）位移测量范围　位移测量范围包括长度、厚度、高度、距离、物位、镀层厚度、表面粗糙、角度等。

（2）常用传感器　能够测量位移的传感器很多，参见教材表6-1。

除表中所列的传感器外，近年来各种新型传感器，如光导纤维传感器、电荷耦合器件（*CCD*）传感器等均发展十分迅速，给位移的测量提供了不少新的方法。

6.2.2 常用的位移传感器

根据传感器的变换原理，常用的位移传感器类型有电阻式、电阻应变式、电感式、电容式、霍尔元件、感应同步器、光栅、磁栅和角度编码器等位移传感器以及电动千分表等，可根据环境、动态特性、量程、精度、价格等参数选择。

1. 电阻式位移传感器

（1）测量原理　把位移量转换成电阻值输出。

（2）常用电阻式位移传感器　其性能及特点见表6-1。

表6-1　电阻式位移传感器的性能及特点

类型	滑线式		变阻器	
	线位移	角位移	线位移	角位移
测量范围	1～300mm*	0～360°	1～1000mm*	0～60r
精确度	±0.1%	±0.1%	±0.5%	±0.5%
直线性	±0.1%	±0.1%	±0.5%	±0.5%
特点	分辨力较好，可静态或动态测量，但机械结构不牢固		结构牢固，寿命长，但分辨力差，电噪声大	

注：表中，*是指这种传感器能够达到的最大可测位移范围，而每一种规格的传感器都有其一定的远小于此范围的工作量程。

（3）测量电路　滑线式传感器常用桥式测量电路，见教材图6-1c。变阻式传感器的后接电路，一般采用电阻分压电路。电路的输出为

$$u_o=\frac{u_e}{\frac{x_p}{x}+\left(\frac{R_p}{R_L}\right)\left(1-\frac{x}{x_p}\right)}$$

2. 应变片式位移传感器

（1）测量原理　利用弹性元件把位移量转换成应变量，而后用应变片、应变仪等测量记录。

电阻的变化率为

$$\frac{\mathrm{d}R}{R}=\frac{\mathrm{d}l}{l}-\frac{\mathrm{d}A}{A}+\frac{\mathrm{d}\rho}{\rho}$$

（2）常用应变片式位移传感器　其性能及特点见表6-2。

表6-2　电阻应变式位移传感器的性能及特点

类型	非粘贴式	粘贴式	半导体式
测量范围	±0.15%应变	±0.3%应变	±0.25%应变
精确度	±0.1%	±（2%～3%）	±（2%～3%）
直线性	±1%	±1%	满刻度±20%
特点	不牢固	牢固，使用方便，需温度补偿和高绝缘电阻	输出幅值大，温度灵敏性高

（3）测量电路　桥式电路。

3. 电感式位移传感器

（1）测量原理：在电感式位移传感器中，广泛应用的是差动变压器式位移传感器。其测量原理为：差动变压器式位移传感器的结构如同一个差动变压器。测量时在一次绕组中加上交流电压，被测位移量引起可动铁心移动，从而引起绕组互感系数的变化，使二次绕组产

生感应电动势，经后续测量电路变换成与位移量成比例的电压输出。差动变压器式位移测量系统具有精度较高、性能稳定、线性范围大、输出大、使用方便等优点。由于可动铁心具有一定的质量，故而系统的动态特性较差。

（2）常用电感式位移传感器　其性能及特点见表6-3。

表6-3　电感式位移传感器的性能及特点

类型	自感式		差动变压器	涡电流式	微动同步器	旋转变压器
	变气隙型	螺管型				
测量范围	±0.2mm	1.5～2mm	±（0.08～75）mm*	±（2.5～±250）mm*	±10°	±60°
精确度	±1%	±1%	±0.5%	±（1%～3%）	±1%	±1%
直线性	±3%	±3%	±0.5%	<3%	±0.05%	±0.1%
特点	只适用于微小位移测量	测量范围较宽、使用方便可靠、动态性能较差	分辨力好，受到磁场干扰时需屏蔽	分辨力好，受被测物体材料、形状、加工质量影响	非线性误差与电压比和测量范围有关	

注：表中，*是指这种传感器能够达到的最大可测位移范围，而每一种规格的传感器都有其一定的且远小于此范围的工作量程。

（3）测量电路　差动整流电路、相敏整流电路。

4. 光电脉冲式位移传感器

（1）测量原理　实际上是一个位移－数字编码器。在这种传感器中，光敏器件接收的光信号是断续变化的，它输出的光电流通常只有两种稳定状态，即“通”与“断”的开关状态，所以也称为光敏器件的开关运用状态，输出信号的形式是脉冲，多用于光电计数和光电式位移或转速测量的等场合。光电脉冲位移传感器，在工作时可将机械位移转换成数字量的电脉冲信号输出，测出脉冲的频率，即可得到相应的线位移和角位移量。

（2）常用光电脉冲式位移传感器　其性能及特点见表6-4。

表6-4　光电脉冲式位移传感器的性能及特点

类型	透射式		反射式	
	线位移	角位移	线位移	角位移
测量范围	0～150m*	0～360°	0～150m*	0～360°
测量精度	<±0.02%FS	6～10rad	<±0.02%FS	6～10rad
分辨力	0.01μm	±5″	0.01μm	±5″
特点	分辨力好、测量精度高、可靠性高，输出信号可直接用于计算机处理。易于实现高速动态测量、处理和自动化			

注：表中，*是指这种传感器能够达到的最大可测位移范围，而每一种规格的传感器都有其一定的且远小于此范围的工作量程。

1）透射式。是指被测物体放在光路中，恒光源发出的光能量穿过被测物，部分被吸收后，透射光投射到光敏器件上。

透射式光电传感器主要用于光电控制、光电计量、识别物体的有无、运动方向、转速等场合。

2）反射式。透射式是指被测物体放在光路中，恒光源发出的光能量穿过被测物，部分被吸收后，透射光投射到光敏器件上。

反射式光电传感器广泛应用于点钞机、限位开关、计数器、电机测速、打印机、复印机、液位开关、金融设备、娱乐设备（自动麻将机）、舞台灯光控制、监控云台控制、运动方向判别、计数、电动绕线机计数、电能表转数计量等场合。

（3）测量电路　测量电路能够把光电效应造成的光敏器件电性能的变化转换成所需要的电压或电流。

光电脉冲式位移传感器的后续测量电路和显示记录装置如图 6-1 所示。

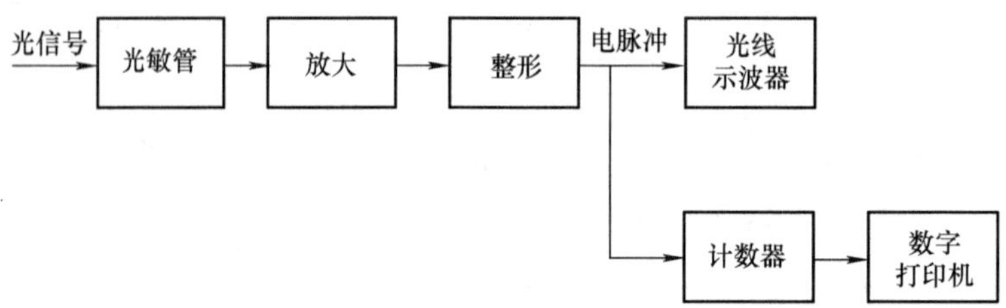

图 6-1　测量电路及其系统组成

可实现判断位移方向的电路框图如图 6-2 所示。

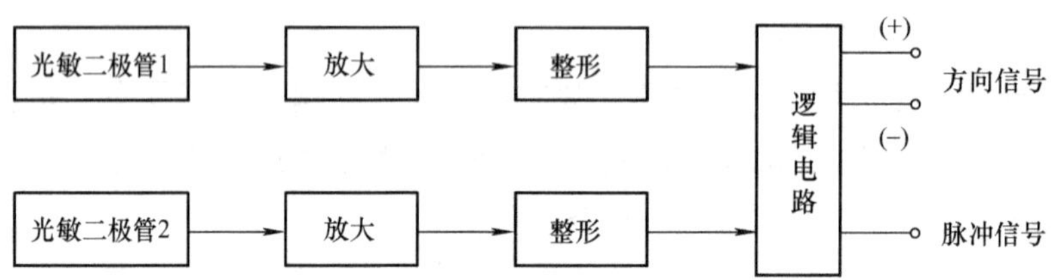

图 6-2　判断位移方向的电路框图

当用示波器记录时，可用两个或 3 个振子分别记录方向信号和脉冲信号，处理数据时进行加减处理，才得真实位移。用计数器计数时，要用可逆计算器、方向信号（+）（-）控制计数器的“加”、“减”法运算、脉冲信号作计数器的计数脉动，计算所记录的脉冲数就与实际位移成正比。

6.2.3　位移测量的应用

1. 回转轴径向运动误差的测量

（1）回转轴运动误差的概念

1）回转轴运动误差。回转轴线在回转过程中偏离理想位置而出现的附加运动。

2）端面运动误差。回转轴上任何一点与轴线平行的移动称为端面运动误差。

3）径向运动误差。回转轴上任何一点垂直于轴线的移动称为径向运动误差。

端面运动误差因测量点所在半径位置不同而异，径向运动误差因测量点所在轴向位置不同而异。因此，讨论运动误差时，应指明测量点的位置。

（2）径向运动误差的常用测量方法

1）双向测量法。用两个位移传感器分别测量径向运动误差在 x、y 方向的分量。两分量的矢量和就是该时刻的径向运动误差矢量，如图 6-3 所示。图中，T_x、T_y 是位移传感器 M_1、M_2 是测量仪。双向测量法通常用来检测、分析机床回转轴的回转精度，例如检测机床主轴轴承的品质。

2）单向测量法。用一个传感器，只测量某个方向的分量，如图 6-4 所示。图中，T 是位移传感器 M 是测量仪。单向测量法通常用于检测、分析机床主轴运动误差对加工形状的影响。

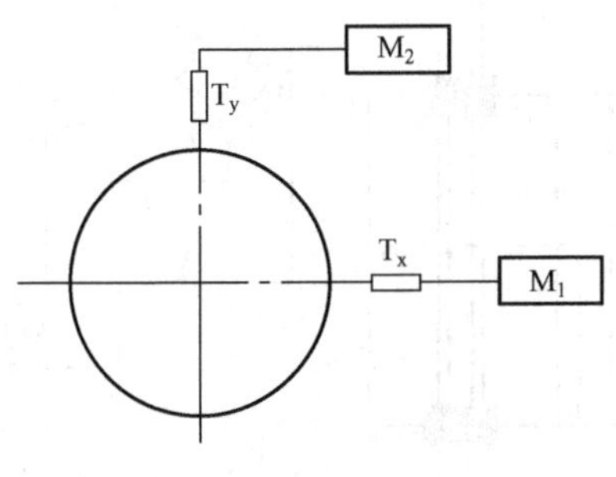

图 6-3　双向测量

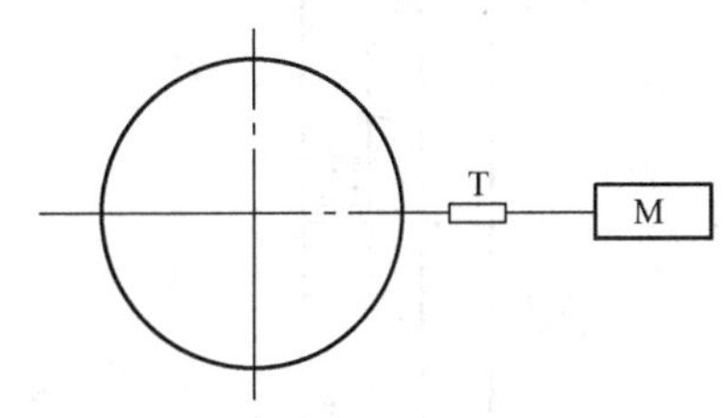

图 6-4　单向测量

（3）径向运动误差测量中的注意事项

以双向法测量回转轴径向运动误差原理为例，如图 6-5 所示。

1）一般情况下 $dx + dy \neq r(\theta)$，只有当 e、S_x、S_y 均趋于零或已知，才能由 dx 和 dy 确定 $r(\theta)$。如果基准球的形状误差不能忽略，要采用误差分离技术消除其影响。

2）由于偏心，测量结果是圆球的几何中心轨迹，而不是回转轴心轨迹。

3）尽管运行条件相同，但是测出的分量受偏心的大小和方位的影响，必须减小或消除偏心。

4）如果不能排除偏心的影响，只有在偏心的大小和方位相同的条件下，才能比较测量结果。

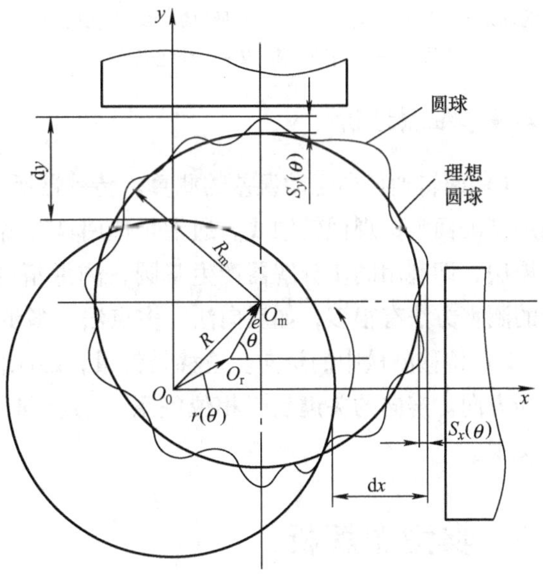

图 6-5　双向测量径向运动误差的信号分析

2. 物位的测量

物位是液位、料位以及界面位置的总称。测量物位有时是为了测知容器中物体的存量；有时是为了对容器中的物料进行监控，调节其进出速度，或在物位接近极限位置时能提前报警。前者为物位的静态测量，后者需采用动态连续的测量方法。物位测量可以用多种不同转换原理的位移传感器来实现。下面简单了解其中的两种。

（1）沉筒式液位变送器　带有差动变压器的沉筒式液位变送器结构如图 6-6 所示，沉筒由固定段 1 和浮力段 2 两部分组成。

（2）电阻式液位计　电阻式液位计结构如图 6-7 所示，由两根大电阻率的极棒料组成，两根极棒的材料和界面完全一样，两端拉紧，并用绝缘套 2 与容器 3 绝缘。

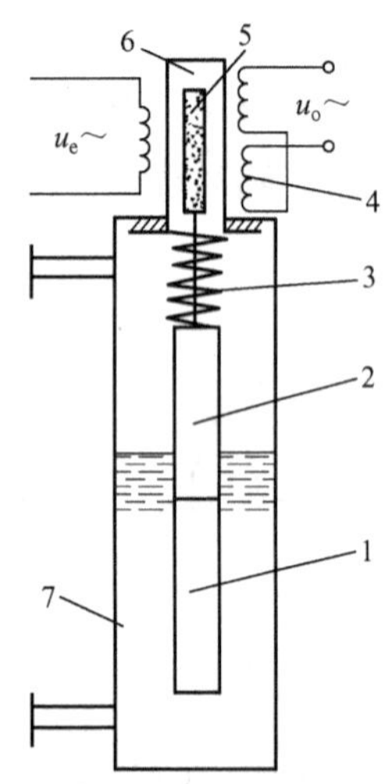

图 6-6　带有差动变压器的沉筒式液位变送器

1—沉筒固定段　2—沉筒浮力段　3—测量弹簧　4—差动变压器　5—衔铁　6—密封隔离筒　7—沉筒室壳体

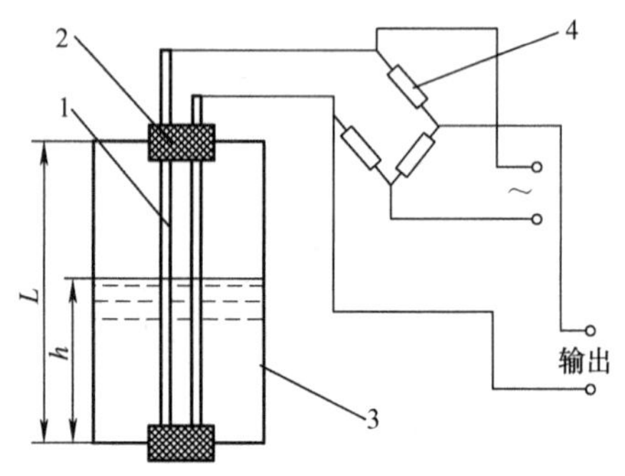

图 6-7　电阻式液位计

1—电阻极棒　2—绝缘套　3—容器　4—电桥

6.2.4　难点分析

1）回转轴径向运动误差的测算。传感器所检测到的位移信号是很复杂的，测量时必须利用基准面来体现回转轴线。通常是选用具有高圆度的圆球或圆环来作为基准面。国内常用模拟法，即利用同步分解器产生基圆，测量精度约为 0.4μm。目前研究回转轴径向运动误差的测算方法有很多，如反向法、多点法、多步法、CCD 测量法等。

2）位移测量中的辨向。位移是矢量，因此位移的测量除了要确定其大小，还要确定其运动方向。辨向的关键是“相位关系”的识别，因此辨向电路需要成正交关系的两路信号来实现。

6.3　典型题解析

【例 6-1】　某台感应同步器及数显仪表组成的位移测量装置，测量的最大位移量为 9999μm，求该装置的分辨力及动态线性范围（dB）。

解：数字测试装置的分辨力，就是所能显示的末位数字的一个数码。显然，该装置的分辨力为 $\Delta x_{min}=1\mu m$。则该装置能够测量的最小位移 $x_{min}=1\mu m$，根据分辨力的定义，该装置的分辨力相对值为

$$\frac{\Delta x_{\min}}{x_{\max}} \times 100\% = \frac{1}{9999} \times 100\% = 1.0 \times 10^{-2}\%$$

动态线性范围为

$$\Delta X = 20\lg\frac{x_{\max}}{x_{\min}} = 20\lg\frac{9999}{1}\text{dB} \approx 80\text{dB}$$

解题要点：掌握测试装置分辨力和动态范围的概念，熟悉数字测试仪分辨力的含义。线性动态范围是仪器响应值与被测量之间呈线性关系的区间，可以用仪器响应的最大值与最小值之差或两者的比值来表征仪器的线性动态范围；也可用仪器所能检测到的被测量的最大值与最小值之差或之比来表示仪器的线性动态范围。

【例 6-2】 一台电动机通过一根碳钢的转轴带动恒转矩负载旋转。为测此转矩，在轴上按图 6-8a 所示角度粘贴一片电阻应变片，$R = 120\Omega$，$S_g = 2$，碳钢剪切模量是 80GPa，轴径 $d = 30\text{mm}$，如果 $\Delta R = 0.24\Omega$，根据公式$\frac{\varphi}{T} = \frac{2}{\pi G_s r^3}$决定负载转矩是多少（$G_s$为材料的剪切模量）？

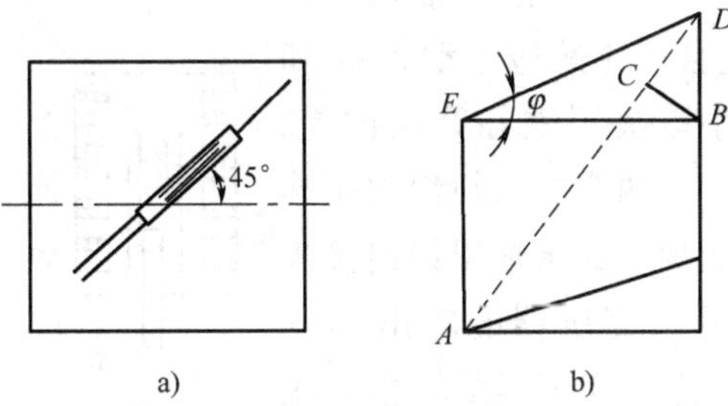

图6-8 例6-2图

解：轴表面取长为 1 的正方形单元，如图 6-8b 所示。应变片沿对角线方向粘贴，受扭后变成平行四边形，对角线伸长为 ΔL。在 φ 角很小时，有

$$\tan\varphi = \frac{DB}{EB} \approx \varphi = DB$$

$$CD = DB\cos 45° = \varphi\cos 45° = \varphi\frac{\sqrt{2}}{2}$$

即

$$\Delta L = \frac{\sqrt{2}}{2}\varphi \quad \frac{\Delta L}{L} = \frac{\frac{\sqrt{2}}{2}\varphi}{\sqrt{2}} = \frac{1}{2}\varphi$$

所以

$$\varphi = 2\frac{\Delta L}{L} = 2\varepsilon = 2\frac{\Delta R}{RS_g}$$

代入公式 $\frac{2\frac{\Delta R}{RS_g}}{T} = \frac{2}{\pi G_s r^3}$ 则 $T = \frac{\Delta R}{RS_g}\pi G_s r^3$

即

$$T = \frac{0.24 \times \pi \times 80 \times 10^9 \times 1.5^3 \times 10^{-6}}{120 \times 2}\text{N} \cdot \text{m} = 848\text{N} \cdot \text{m}$$

解题要点：熟悉材料力学弹性模量的概念；做出转轴表面微元的变形图，并能根据几何

关系列出转轴变形量的表达式；利用电阻应变片灵敏度定义式，找出相对轴变形量与电阻变化量对应的关系，代入所给公式即可求解。

6.4 复习思考题

1. 选择位移传感器应注意哪些问题？
2. 反射式和透射式光电脉冲传感器的工作原理有何异同？
3. 为什么在进行回转轴径向运动误差时，必须利用基准面来体现回转轴的轴线？

6.5 习题解答

6-1 简述差动变压器的工作原理。

解：差动变压器的原理结构如图 6-9 所示。

根据变压器工作原理，当给绕组 W 输入交流 i_1，在绕组 W_1 和 W_2 中就会产生感应电动势 e_1 和 e_2。电动势 e_1 和 e_2 的大小取决于铁心 P 的位置。当铁心向上或向下移动时，在两个二次绕组内所感应的电动势一个增加一个减少。如果输出绕组接成反向串联，如图 6-9b 所示，变压器的输出 $e_0 = e_1 - e_2$。根据电磁感应的理论，变压器的输出电压也等于两个二次绕组的电势差，即 $u_o = -e_0 = e_2 - e_1$。如果绕组 W_1 和 W_2 材质和结构完全一致，当铁心 P 处于中间位置时，输出电压 $u_o = 0$，当铁心 P 在被测量 x 带动下移动时，变压器的输出电压 u_o 就与铁心 P 的位移 x 成正比。通过合适的测量电路，即可得到输出电压 u_o 与输入位移 x 确定的线性关系。这就是差动变压器式传感器的工作原理。

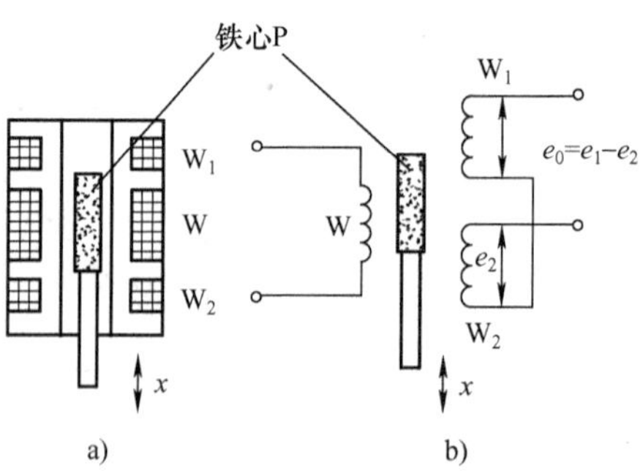

图 6-9 题 6-1 图

6-2 电容式位移传感器有几种类型，它们是如何实现位移测量的？主要特点是什么？

解：电容传感器是将被测量参数换成电容量的测量装置。电容式位移传感器有变面积型和变间隙型两种。

变面积型测位移的原理是，当动极板受被测物体作用引起位移时，改变了两个极板之间覆盖面积，从而使电容量发生变化。通过适当的电路变换，即可实现位移的测量。其特点是结构简单、动态特性好、易受环境温度和湿度等因素的影响。

变间隙型测位移的原理是，当动极板受被测物体作用引起位移时，改变了两个极板之间的距离 δ，从而使电容量发生变化。通过适当的电路变换，即可实现位移的测量。其特点是分辨力很好，但测量范围很小，只能在小范围内近似地保存线性。

6-3 图 6-10（教材图 6-16）给出了某电位器式位移传感器的检测电路。$U_i = 12\text{V}$，$R_0 = 10\text{k}\Omega$，AB 为线性电位计，总长度 150mm，总电阻 30kΩ，C 点为电刷位置。问：

1）输出电压 $U_o = 0\text{V}$ 时，位移 $x = ?$

2）当位移x的变化范围在10～140mm时，输出电压U_o的范围是多少？

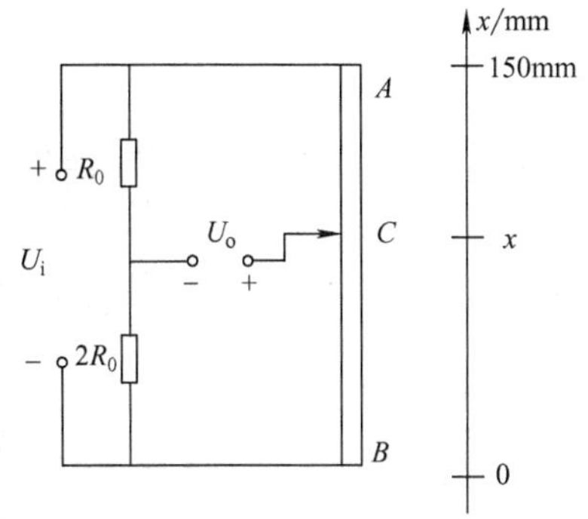

图6-10 习题6-3图

解：设电位计总长度为$L=150$mm，总电阻为$R_{AB}=30\text{k}\Omega$，BC段的长度为x，电阻为R_{BC}，AC段的长度为$(L-x)$，电阻为R_{AC}。

电路输出电压为

$$U_o=U_{C+}-U_{C-}=\frac{R_{BC}}{R_{AB}}U_i-\frac{2R_0}{3R_0}U_i$$

1）当$U_o=0$V时，$\frac{R_{BC}}{R_{AB}}=\frac{2R_0}{3R_0}$，则$R_{BC}=2R_0=20\text{k}\Omega$。

因为电位计是线性的，则有$R_{BC}=\frac{x}{L}R_{AB}$，所以

$$x=\frac{R_{BC}L}{R_{AB}}=\frac{20\times10^3\times150}{30\times10^3}\text{mm}=10\text{mm}$$

2）当$x=10$mm时，有

$$R_{BC}=\frac{10}{150}\times30\text{k}\Omega=2\text{k}\Omega$$

输出电压为

$$U_{o1}=\left(\frac{2}{30}-\frac{2}{3}\right)\times12\text{V}=-7.2\text{V}$$

当$x=140$mm时，有

$$R_{BC}=\frac{140}{150}\times30\text{k}\Omega=28\text{k}\Omega$$

输出电压为

$$U_{o2}=\left(\frac{28}{30}-\frac{2}{3}\right)\times12\text{V}=3.2\text{V}$$

输出电压范围在−7.2～3.2V之间。

6-4 图6-11（教材图6-17）给出了一差动变极距型电容式传感器的结构示意图及其电桥检测电路。$u_i=U\sin\omega t$为激励电压。试建立输出电压u_o与被测位移$\Delta\delta$的关系，并说明该检测方案的特点。

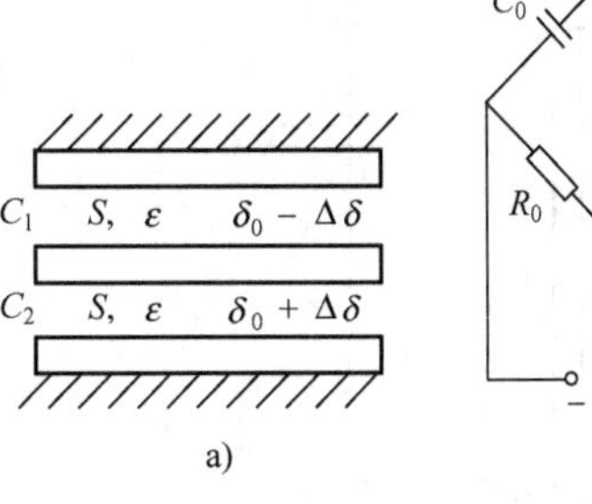

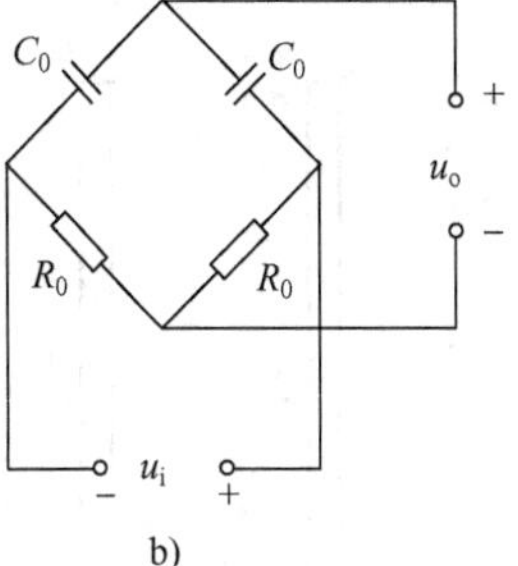

图6-11 习题6-4图

解：

$$Z_1=Z_2=\frac{1}{j\omega C_0}=Z_0$$

$$Z_3=Z_4=R_0$$

电桥初始平衡条件为$Z_1Z_3=Z_2Z_4$

电桥开路电压为

$$u_o = u_i\left(\frac{Z_1}{Z_1+Z_2} - \frac{Z_4}{Z_3+Z_4}\right)$$

当 $\Delta\delta << \delta_0$ 时，则有$\dfrac{\Delta C}{C_0} \approx \dfrac{\Delta\delta}{\delta_0}$，电桥输出电压为

$$u_{oc} = u_i\left(\frac{Z_1+\Delta Z}{Z_1+\Delta Z+Z_2-\Delta Z} - \frac{Z_4}{Z_3+Z_4}\right)$$

$$= u_i\left(\frac{Z_0+\Delta Z}{2Z_0} - \frac{R_0}{2R_0}\right) = \frac{1}{2}u_i\left(1+\frac{\Delta Z}{Z_0}-1\right) = \frac{1}{2}u_i\frac{\Delta Z}{Z_0}$$

其中
$$Z_0 + \Delta Z = \frac{1}{j\omega\ (C_0 - \Delta C)}$$

所以
$$\frac{\Delta Z}{Z_0} = \frac{\Delta C}{C_0 - \Delta C}$$

当 $\Delta C << C_0$ 时，有$\dfrac{\Delta Z}{Z_0} \approx \dfrac{\Delta C}{C_0} \approx \dfrac{\Delta\delta}{\delta_0}$，则

$$u_{os} \approx \frac{1}{2}\frac{\Delta\delta}{\delta_0}u_i = \frac{\Delta\delta}{2\delta}U_m \sin\omega t$$

方案特点：由于两个电阻相等，两个电容也相等，并且位置配置得也合理，所以在理论上，静态时电桥处于平衡状态，没有静态误差。当有位移输入时，输出电压的波形随电源激励电压的变化规律而变化，在小位移下，只要满足 $\Delta\delta << \delta_0$ 的条件，输出电压的幅值与位移量近似成正比变化，基本为线性关系，误差很小。当位移比较大时，上述的近似关系有较大的误差。所以此方案只适于小位移测量。

6-5 某位移测量装置采用了两个相同的线性电位计。电位计的总电阻为 R_0，总工作行程为 L_0。当被测位移变化时，带动这两个电位仪一起滑动，如图 6-12 所示（教材图 6-18，虚线表示电刷的机械臂），若采用电桥检测方式，电桥的激励电压为 U_i。

1）设计电桥的连接方式。

2）被测位移的测量范围为 0 ~ L_0 时，电桥的输出电压范围是多少？

解：1）设计成等臂差动电桥。电桥的连接方式如图 6-13 所示。

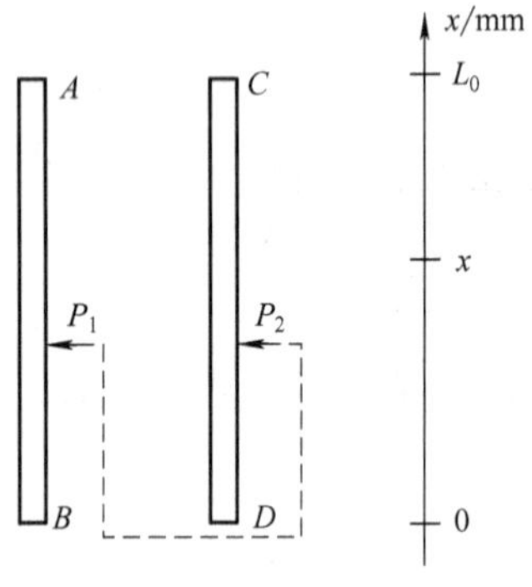

图 6-12 习题 6-5 图

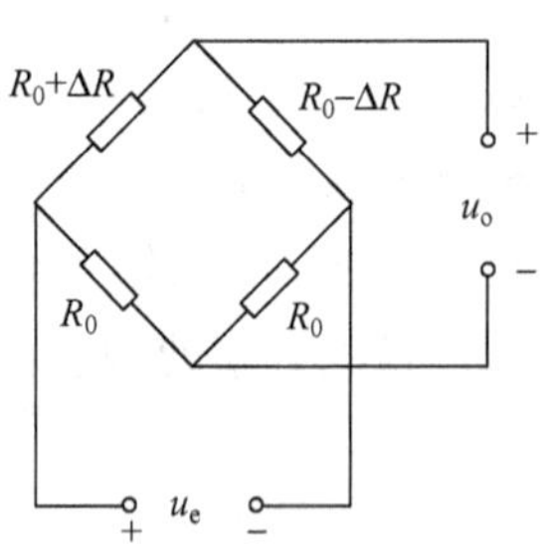

图 6-13 习题 6-5 电桥的连接方式

电桥的输出电压为

$$u_o = \frac{\Delta R}{2R_0}u_e$$

2）由于电位计是线性的，当 $\Delta R << R_0$ 时，有

$$\frac{\Delta R}{R_0} \approx \frac{\Delta L}{L_0} = \frac{x}{L_0}$$

输出电压为

$$u_o \approx \frac{x}{2L_0}u_e$$

当 $x=0$ 时，$u_o=0$，当 $x=L_0$ 时，$u_o=1/2u_e$。所以，被测位移的测量范围为 $0\sim L_0$ 时，电桥输出电压的范围是 $0\sim 1/2u_e$。

第7章　振动测试

7.1　学习要求及学习方法

1）了解振动测试的意义及主要测试内容。

2）了解机械测振系统动态特性的测试方法及振动参数的估计。

3）掌握测振传感器、激振设备及激振信号；了解惯性式传感器的力学模型；初步了解振动传感器的校准方法，附加传感器质量对测试结果的影响。

4）掌握振动测量系统及其标定。

5）在学习方法上，首先要复习物理学上有关振动和受迫振动的理论和计算知识；注意结合第3章中相关传感器工作原理来掌握各种测振传感器的结构和特点；重点是激振及测振系统的组成，测振传感器原理及选择。

7.2　学习要点与难点分析

7.2.1　振动的概述

1. 振动的基本概念

振动是工程中最常见的现象之一，一般是指物体沿直线或曲线并经过其平衡位置所作的往复运动形式。

从狭义上说，通常把具有时间周期性的运动称为振动。从广义上说，任何一个物理量在某一数值附近做周期性的变化，都称为振动。

机械振动是指物体在一定位置附近所作的周期性往复的运动。机械在运动时，由于旋转件的不平衡、负载的不均匀、间隙、润滑不良、支撑松动等因素，产生各种振动。

2. 测振的意义

（1）机械振动的两重性

1）有害的一面。振动会降低机械加工的精度和表面粗糙度，危害结构的强度，发生大变形导致机器或结构的破坏甚至酿成灾难性的事故。

2）有利的一面。振动给料机、振动筛选机、振动破碎机、振动球磨机、振动打桩、振动测桩、振动抛光、结构的减振、抗振等都是利用振动的特性进行工作的。

（2）测振的目的

1）确定系统的特性（固有频率、振型等），预防共振。

2）研究动平衡、隔振、减振方法，以消除振动的影响。

3）进行振动检测、故障诊断及环境噪声控制。

4）振动技术的利用。

3. 机械振动测试的主要内容

（1）振动测试的基本参数　振动的幅值、频率和相位是振动的3个基本参数，称为振动3要素。只要测定这3个要素，也就决定了整个振动运动。

1）振动幅值。这是振动强度的标志，它可以用峰值、有效值、平均值等方法表示。

2）振动频率。不同的频率成分反映系统内不同的振源。通过频谱分析可确定主要频率成分及其幅值大小，从而寻找振源，采取相应的措施。

3）振动相位。利用相位关系可确定共振点、测量振型、回转件动平衡、有源振动控制、降噪。

（2）振动测试的主要工作　振动测试原理及装置是机械系统动态测试的基础。从解决振动问题的过程和装置类型来看，主要有3方面工作。

1）振动参数测量。首先判断有无振动及振动大小，要测量各种振动参数，如振幅、频率、相位、振动速度及加速度等。主要设备就是各种测振传感器及测量仪。

2）振动分析。分析振源及噪声源，诊断故障，寻找信号传输通道，分析振型及模态等。本章主要研究谱分析和相关滤波、外差跟踪滤波技术的运用。

3）振动校正或消除。根据分析结果要采取措施以消除或减弱振动或者相反提高激振效率。如转子的静、动平衡，隔振消声，结构参数优化设计等。本章简介了转子动平衡概念。

4. 机械振动的类型及测试的方式

机械振动系统就是指围绕其静平衡位置作来回往复运动的机械系统，单摆就是一种简单的机械振动系统。

（1）机械系统振动的类型

1）自由振动。系统仅受到初始条件（初始位移、初始速度）的激励而引起的振动，称为自由振动。

2）强迫振动。系统在持续的外作用力激励下的振动，称为强迫振动。

自由振动问题虽然比强迫振动问题简单，但自由振动反映了系统内部结构的所有信息，是研究强迫振动的基础。

（2）机械振动系统的基本要素　构成机械振动系统的基本要素有3个：

1）惯性。这是能使系统当前运动持续下去的性质，通常由物理参数质量m表征。

2）恢复性。这是能使系统位置恢复到平衡状态的性质，通常由物理参数刚度k表征。

3）阻尼。这是能使系统能量消耗掉的性质，由物理参数阻尼c表征。

（3）机械振动测试的两种方式

1）直接测量机械设备或结构在工作状态下的振动，目的是了解被测对象在线工作的振动状态、评定振动强度和振动等级、寻找振源及其传递途径、分析结构的动载及动变形，以及进行监测、识别、诊断和预测。

2）对机械设备或结构施加某种激励，测量其受迫振动，以便求得被测对象的振动力学参量、振型或动态性能、评定其抗振能力。这类测试又分为振动环境模拟试验、机械阻抗试验和频率响应试验等。

5. 机械振动的测量方法

振动测量方法按振动信号转换的方式可分为电测法、机械法和光学法。其原理、特点及应用见表7-1。

表7-1 振动测量方法的原理、特点及应用

名称	原理	特点及应用
电测法	将被测对象的振动量转换成电量，然后用电量测试仪器进行测量	灵敏度高，频率范围及动态、线性范围宽，便于分析和遥测，但易受电磁场干扰。是目前最广泛采用的方法
机械法	利用杠杆原理将振动量放大后直接记录下来。常用的仪器有杠杆式测振仪和盖格尔测振仪	抗干扰能力强，频率范围及动态、线性范围窄，测试时会给工件加上一定的负荷，影响测试结果，用于低频大振幅振动及扭振的测量
光学法	利用光杠杆原理、光波干涉原理、激光多普勒效应等进行测量	不受电磁场干扰，测量精度高，适于对质量小及不易安装传感器的试件作非接触测量。在精密测量和传感器、测振仪标定中用得较多

6. 振动测试系统

为了完成测试任务，振动测试系统包括下述3个主要部分：

(1) 激励部分　实现对被测系统的激励（输入），使系统发生振动。它主要由激励信号源、功率放大器和激振器组成。

(2) 拾振部分　检测并放大被测系统的输入、输出信号，并将信号转换成一定的形式（通常为电信号）。它主要由传感器、放大器组成。

(3) 分析记录部分　将拾振部分传来的信号记录下来供分析处理并记下处理结果。它主要由各种记录设备和频谱分析设备组成。

振动测试装置的一般组成如图7-1所示。

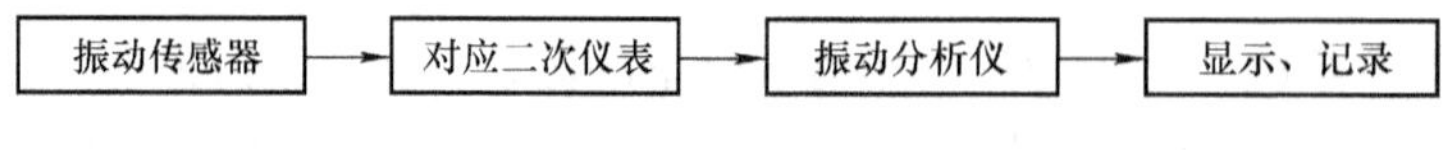

图7-1 振动测试装置的一般组成

二次仪表主要指中间变换电路，常用的有电压放大器、电荷放大器、运算放大器、功率放大器、阻抗变换器、滤波器以及电压表、毫伏表、归一化装置等。

7.2.2 振动传感器及测振原理

拾取振动信息的装置通常称为拾振器，传感器是其核心组成部分。表达振动信号特性的基本参数是位移、速度、加速度、频率和相位。拾振器的作用是检测被测对象的振动参数，在要求的频率范围内正确地接收，并将此机械量转换成电信号输出。本节主要讲述了几种传感器的用法和基本原理以及如何合理地选择测振传感器。

1. 测振传感器的分类

由于传感器的分类原则不同，测振传感器的分类方法很多。

（1）按测振参数分　可分为位移传感器、速度传感器、加速度传感器。

振动信号中的位移信号、速度信号、加速度信号之间存在微分或积分关系，只要测得一种信号，通过微分或积分，可以求得另外两种信号。

（2）按参考坐标分　可分为相对式传感器、绝对式传感器。

1）绝对式（惯性式）。这种传感器利用本身惯性在惯性空间建立坐标，测定的是被测振动相对大地或惯性空间的绝对运动，因此称为绝对式或惯性式传感器，如压电式或应变片式加速度计、磁电式速度计。

2）相对式。传感器测出的是被测振动相对某参考相对静止坐标的运动，又可分为直接式和跟随式。通常采用电涡流或电容式位移传感器或磁电式速度传感器。测量的是测点相对于外壳的位移或速度。

（3）按变换原理分　可分为磁电式、压电式、电阻应变式、电感式、电容式、光学式传感器。

（4）按传感器与被测物关系分　可分为接触式传感器、非接触式传感器。

在测试中所用的传感器多数是磁电式、电涡流式、电阻应变式、电容式和压电式。

2. 惯性式测振传感器的力学模型与特性分析

工程中的振动问题，可用弹簧－阻尼－质量块构成的单自由度振动系统模型来描述。

（1）质量块受力产生的受迫振动力学模型　典型的单自由度系统如图7-2所示。单自由度系统在质量块在外部激振力 $f(t)$ 的作用下，质量块 m 的运动方程为

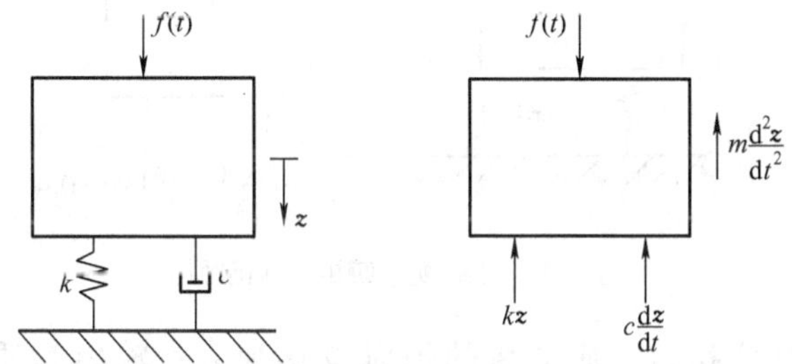

图7-2　典型的单自由度系统

$$m\frac{d^2z}{dt^2}+c\frac{dz}{dt}+kz=f(t) \tag{7-1}$$

式中，c 为粘性阻尼系数；k 为弹簧刚度；位移 z 为振动系统的输出。

这是一个典型的二阶系统，其系统频率响应函数 $H(\omega)$ 和幅频特性函数 $A(\omega)$、相频特性函数 $\varphi(\omega)$ 见教材第二章的相关内容。

响应函数为

$$H(\omega)=\frac{1/k}{1-\left(\frac{\omega}{\omega_n}\right)^2+2\zeta j\left(\frac{\omega}{\omega_n}\right)} \tag{7-2}$$

幅频特性为

$$A(\omega)=\frac{1/k}{\sqrt{\left[1-\left(\frac{\omega}{\omega_n}\right)^2\right]^2+4\zeta^2\left(\frac{\omega}{\omega_n}\right)^2}} \tag{7-3}$$

相频特性为

$$\varphi(\omega) = -\arctan\frac{2\zeta\left(\frac{\omega}{\omega_n}\right)}{1-\left(\frac{\omega}{\omega_n}\right)^2} \tag{7-4}$$

式中，ζ 为振动系统的阻尼比，$\zeta = \frac{c}{2\sqrt{km}}$ (7-5)

ω_n为振动系统的固有频，$\omega_n = \sqrt{\frac{k}{m}}$ (7-6)

特性分析如下：

1）位移共振： $\omega_r = \omega_n\sqrt{1-2\zeta^2}$ (7-7)

2）速度共振： $\omega_v = \omega_n$ (7-8)

3）加速度共振： $\omega_a = \omega_n / \sqrt{1-2\zeta^2}$ (7-9)

共振时位移相位始终落后于激振力 90°。

（2）基础运动产生的受迫振动力学模型　在许多情况下，振动系统的受迫振动是由基础的运动引起的，自由度系统的基础激励如图 7-3 所示。

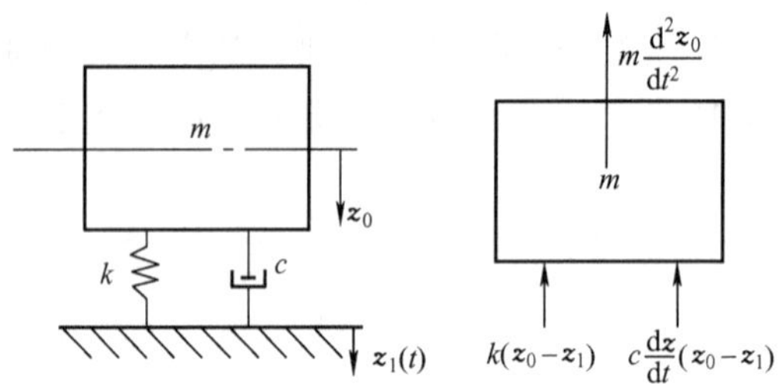

图 7-3　自由度系统的基础激励

输入为基础的绝对位移 z_1，质量块的绝对位移为 z_0；输出为质量块 m 的相对位移 $z_{01}=(z_0-z_1)$；质量块 m 的运动方程为如下：

质量块绝对运动方程为

$$m\frac{d^2z_0}{dt^2}+c\frac{dz}{dt}(z_0-z_1)+k(z_0-z_1)=0 \tag{7-10}$$

质量块相对运动方程为

$$m\frac{d^2z_{01}}{dt^2}+c\frac{dz_{01}}{dt}+kz_{01}=-m\frac{d^2z_1}{dt^2} \tag{7-11}$$

根据测试装置动态模型的相互转换关系直接写出

频率特性为

$$H(\omega)=\frac{(\omega/\omega_n)^2}{1-(\omega/\omega_n)^2+j2\zeta(\omega/\omega_n)} \tag{7-12}$$

幅频特性为

$$A(\omega)=\frac{\frac{\omega}{\omega_n}}{\sqrt{\left[1-\left(\frac{\omega}{\omega_n}\right)^2\right]^2+\left(2\zeta\frac{\omega}{\omega_n}\right)^2}} \tag{7-13}$$

相频特性为

$$\varphi(\omega)=-\arctan\left[\frac{2\zeta\omega/\omega_n}{1-(\omega/\omega_n)^2}\right] \tag{7-14}$$

特性分析如下：

1）在使用时，一般取 $\omega/\omega_n>>3\sim5$，即传感器惯性系统的固有频率远低于被测振动的下限频率。

2）若选择适当阻尼，可抑制 $\omega/\omega_n=1$ 处的共振峰，使幅频特性平坦部分扩展，从而扩大下限的频率。

3）该种传感器测量上限频率在理论上是无限的，但在实际应用中则要受到具体仪器结构和元器件的限制，因此上限不能太高，下限频率则受弹性元件的强度和惯性块尺寸、质量的限制，使 ω_n 不能过小。

（3）惯性式测振传感器的质量

1）测振时拾振器将固定在被测物上，其质量将成为被测振动系统的附加质量。

2）拾振器的质量造成被测系统加速度和固有频率的变化可用下式来估计：

系统加速度为

$$a'=\frac{m}{m+m_t}a \tag{7-15}$$

固有频率为

$$f_n'=\sqrt{\frac{m}{m+m_t}}f_n \tag{7-16}$$

式中，f_n、f_n' 为装上传感器前、后被测系统的固有频率；a、a' 为装上传感器前、后被测系统的加速度；m、m_t 分别是被测系统原有质量和附加质量。

3）只有当 $m_t<<m$ 时，m_t 的影响才可忽略。

（4）单自由度振动系统受迫振动小结

1）在激振频率远小于固有频率时，输出位移随激振频率的变化非常小。

2）在激振频率大于固有频率时，输出位移为零，质量块近于静止。

3）当激振频率接近固有频率时，系统的响应特性取决于系统阻尼，并随频率的变化而剧烈的变化。

3. 常用测振传感器的结构与使用

（1）常用测振传感器　对于电容式、涡流式、磁电式、压电式测振传感器的结构和变换原理，参见教材第三章的有关内容。

1）涡流式位移传感器是一种相对式非接触式传感器，它是通过传感器端部与被测物体之间的距离变化来测量物体的振动位移和幅值的。实验表明，传感器线圈的厚度越小，其灵敏度越高，由于涡流传感器是由固定在聚四氟乙烯或陶瓷框架中的扁平线圈组成的，因此结构简单。

2）电容传感器中，非接触式的电容传感器常用于位移测量中，其测量内容与涡流位移传感器相近（参阅教材第三章相关内容）。

3）磁电式速度传感器是利用电磁感应原理工作的传感器，将传感器中的线圈作为质量块，当传感器运动时，线圈在磁场中作切割磁力线的运动，其产生的电动势大小与输入的速度成正比。

4）压电加速度传感器使用时，将压电元件－质量块－弹簧系统装在圆形中心支柱上，支柱与基座连接，这种结构有高的共振频率。然而基座与测试对象连接时，如果基座有变形则将直接影响传感器输出。此外测试对象和环境温度变化将影响压电片，并使预紧力发生变化，易引起温度漂移。

压电式加速度传感器的工作频率范围很宽，只有在加速度传感器固有的频率附近灵敏度才发生急剧变化。压电式加速度传感器的使用限频率取决于幅频曲线中的共振频率。

（2）阻抗头　阻抗头的作用是在力传递点同时测量激振力和该点的运动响应，因此阻抗头由两部分组成，一部分是力传感器，另一部分是加速度传感器。阻抗头一般只能承受轻载荷，因而仅用于对轻型结构、机械部件以及材料试样的测量。

（3）现代振动测量与振动传感器的发展

1）压电式加速度传感器是应用最广泛的振动测量传感器。在传感器中嵌入阻抗转换电路，得到电压输出，简化了后续设备；嵌入存储有传感器的序列号、灵敏度等信息的数字芯片，与相应的测量仪器连接，仪器开机后可自动读入这些信息。

2）激光多普勒振动测量系统，主要工作原理为多普勒效应，即当波源向着接收器移动时，两者之间传递的波将发生变化，波长缩短，频率升高；反之，当波源被接收器移动时，波源和接收器之间传递的波长变长，频率会降低。利用激光多普勒效应不仅能测量固体的振动速度，还可以测量流体的流动速度。激光多普勒速度计有单点测量型和扫描型两种。

4. 测振传感器的选用

在低频和超低频时，结构变形及应变是主要问题，主要检测位移振幅。在中频振动时（如 <1000Hz），振动速度与振动能量有简单关系，与结构的疲劳失效有关。在高频振动时，位移振幅很小，而加速度可能大，与动载力有关。测什么量不是绝对的，根据需求而定，有关行业还有自己的规范。电涡流、电容、电感式差动变压器等都是振幅测量传感器。动圈和动铁式振动速度传感器是目前大量采用的一种，其固有频率一般在 10Hz 以上，速度灵敏度一般在 300～600mV/（cm/s），其结构简单可靠，低阻抗输出，匹配电路简单，抗干扰能力强，缺点是体积、重量都较大。压电式加速度传感器尺寸小、重量轻、频率响应范围宽，而且电路可与传感器集成，输出阻抗也低，多用于高频测振。值得注意的是，在要求相位信息的测试中，如振型测量、模态分析等要注意传感器相频特性。另外传感器质量附加在被测对象上也可能造成误差，包括激振器活动质量块也影响激振结果，必要时要采取质量补偿措施，以减小误差。

5. 传感器校准（或定度）方法

（1）绝对法　用激振装置产生精确的振动波形，用激光干涉仪测其振幅，或用标准加速度计监测振动值，再测被校传感器的相应输出，即可确定其静态（稳态）和动态特性指标。这些设备复杂、昂贵，一般在国家计量部门设置。

（2）比较法 将标准传感器与被校准的传感器“背靠背”安装，测量同一振动值，比较两者输出，即可测出与标准传感器的偏差。对振动设备要求可降低，在使用单位就可能完成。

7.2.3 振动信号的分析与处理

从拾振器检测到的振动信号和从激振点检测到的力信号需经过适当的分析处理，以提取各种有用的信息。

（1）一般的谱分析 在采样前应经抗混叠滤波，并根据最高频率和采样定理来选择采样频率。一般先估计信号中感兴趣信号的最高频率，据此选择抗混叠滤波器的截止频率，而后确定采样频率。通过自功率谱的分析最终可以得到信号频谱结构的全貌。

（2）与激振频率同频成分的提取 用相关滤波或FFT算法都可以实现这种要求。对于FFT，为了防止泄露误差和栅栏效应，应使FFT谱线落在参考信号的频率上，为此截取信号时长应等于参考信号周期的整数倍。

（3）宽带激励下系统传输特性的求法 这时分析的两个信号记录应该是同时发生的，不允许有时差；两通道应该使用相同的采样频率和时长；频谱分析使用相同的窗函数和分析程序。一般采用多段记录分析，将其进行平均，以提高测试的精度。

目前常见的振动分析仪器有测振仪、频率分析仪、FFT分析仪和虚似频谱分析仪等。

7.2.4 激振方法与激振设备

1. 常用激振法

常用激振法有稳态正弦激振、瞬态激振、随机激振等。选择时要根据被测结构的频率响应范围、质量或转动惯量的大小、阻尼快慢、精度要求及测点多少等因素确定。

（1）稳态正弦激励 即施加在被测对象上的力是稳态正弦力，是最常用的一种激励方式，可分为单点激励和多点激励。它具有能功率大、精度高、设备通用等优点，但测试周期长。

1）单点激励就是采用一个激振器，对结构上某一点进行激励。

2）多点激励是用两个或两个以上的激振器对被测物同时进行激励。

（2）瞬态激励 瞬态激励是对被测对象施加一个瞬态变化的力，是一种宽带激励方法。常用的激励方式有：

1）快速正弦扫描激振。激振信号由信号发生器供给，其频率可调，激振力为正弦力。

2）脉冲激振。脉冲激振是指在极短的时间内对被测对象施加一作用力使其产生振动的激振方式。所使用的激振器是一个装有传感器的锤子，称为脉冲锤或力锤。用力锤敲击被测对象，对被测对象施加一个力脉冲，同时测量激励和被测对象。所以脉冲激振又叫锤击激振。

3）阶跃（张弛）激振。激振力来自一根刚度大、重量轻的弦。试验时，在激振点处，由力传感器将弦的张力施加于被测对象上，使之产生初始变形，然后突然切断张力弦，对被测对象施加一个负的阶跃激振力。阶跃激振属于宽带激振，在建筑结构的振动测试中被普遍应用。

（3）随机激振　随机激振是一种宽带激振，一般用白噪声或伪随机信号作为激励信号。运用随机信号激励有3大优点：一是它比瞬态激励更易于控制；二是应用功率谱的总体平均可以消除噪声和结构性中的非线性影响；三是速度快，能实现“实时”测试。缺点是设备复杂、昂贵。

2. 激振器

激振器是对试件施加某种预定要求的激振力，使试件受到可控的、按预定要求振动的装置。为了减少激振器质量对被测系统的影响，应尽量使激振器体积小、重量轻。表7-2列举了部分常用的激振设备。

表7-2　部分常用的激振设备

名称	工作原理	特点
永磁式电动激振器	装置于永磁体磁场中的驱动线圈与支承部件固连，线圈通电产生电动力驱动固连于支承部件的试件产生周期性正弦波振动	频率范围宽、振动波形好、操作调节方便
励磁式电动振动台	利用直流励磁线圈来形成磁场，将置于磁场气隙中的线圈与振动台体相连，线圈通电产生电动力使振动台体作机械振动	频率范围宽、激振力大、振动波形好，但设备结构较复杂
电磁式激振器	交变电流通至电磁铁的激振线圈，产生周期性的交变吸力作为激振力	用于非接触激振，频率范围宽、设备简单，但振动波形差、激振力难控制
电液式激振器	用小型电动式激振器带动液压伺服油阀以控制液压缸，液压缸驱动台面产生周期性正弦波振动	激振力大、频率较低、台面负载大、易于自控和多台激振，但设备复杂

7.2.5　难点分析

本章的难点在于惯性传感器力学模型的建立，需要熟悉机械结构的受力情况，并能运用理论力学的有关知识，列解动力学方程，同时要熟练掌握测试系统动态特性的分析方法。

7.3　典型题解析

【例7-1】　磁电式绝对振动速度传感器的弹簧刚度 $k=3200\text{N/m}$，测得其固有频率 $f_n=20\text{Hz}$，试问：（1）欲将 f_n 降低为10Hz，刚度应为多少？（2）可否将此类结构传感器固有频率降至1Hz或更低？会产生什么问题？

解：（1）设当 $f'_n=10\text{Hz}$ 时，弹簧刚度为 k'，根据振动系统的固有频率公式 $f_n=\frac{1}{2\pi}\sqrt{\frac{k}{m}}$，有

$$\frac{f_n}{f'_n}=\sqrt{\frac{k}{k'}}$$

则
$$k' = \frac{100 \times 3200}{400}\text{N/m} = 800\text{N/m}$$

（2）若将固有频率降至1Hz，则$\frac{20}{1} = \sqrt{\frac{k}{k''}} = \sqrt{\frac{3200}{k''}}$，故 $k'' = 8\text{N/m}$。

分析：由计算结果可知，为了降低传感器的固有频率，必须增大质量块的质量或减小弹簧刚度，这样的传感器在重力场中使用时，很容易产生较大的静态变形，影响测试精度，另外在结构上也难以实现。所以，惯性传感器的下限频率受弹性元件的强度和惯性块尺寸、质量的限制，使f_n不能过小。

【例7-2】 设有单自由度振动系统，其活动质量块的重量为4.4N，弹簧刚度为52.5×10^4N/m、阻尼比为0.068，求此系统的粘性阻尼系数、固有频率、有阻尼固有频率以及质量块受周期力激励下其位移共振频率、速度共振频率和加速度共振频率。

解：（1）粘性阻尼系数c

$$c = 2\zeta\sqrt{km} = 2 \times 0.068 \times \sqrt{52.5 \times 10^4 \times \frac{4.4}{9.8}}\text{N}\cdot\text{s/m} = 66.0\text{N}\cdot\text{s/m}$$

（2）固有频率ω_n、f_n

$$\omega_n = \sqrt{\frac{k}{m}} = \sqrt{\frac{52.5 \times 10^4}{4.4/9.8}}\text{rad/s} = 1.08 \times 10^3\text{rad/s}$$

$$f_n = \frac{\omega}{2\pi} = \frac{1.08 \times 10^3}{2\pi}\text{Hz} = 172\text{Hz}$$

（3）有阻尼固有频率ω_d、f_d

$$\omega_d = \omega_n\sqrt{1-\zeta^2} = 1.08 \times 10^3\sqrt{1-0.068^2}\text{rad/s} = 1.078 \times 10^3\text{rad/s}$$

$$f_d = f_n\sqrt{1-\zeta^2} = 172\sqrt{1-0.068^2}\text{Hz} = 171.6\text{Hz}$$

（4）位移共振频率ω_r、f_r

$$\omega_r = \omega_n\sqrt{1-2\zeta^2} = 1.08 \times 10^3\sqrt{1-2 \times 0.068^2}\text{rad/s} = 1.075 \times 10^3\text{rad/s}$$

$$f_r = \frac{\omega_r}{2\pi} = 171\text{Hz}$$

（5）速度共振频率ω_v、f_v

$$\omega_v = \omega_n = 1.08 \times 10^3\text{rad/s}$$

$$f_v = f_n = 172\text{Hz}$$

（6）加速度共振频率ω_a、f_a

$$\omega_a = \omega_n\sqrt{1+2\zeta^2} = 1.08 \times 10^3\sqrt{1+2 \times 0.068^2}\text{rad/s} = 1.085 \times 10^3\text{rad/s}$$

$$f_a = \frac{\omega_a}{2\pi} = \frac{1.085 \times 10^3}{2\pi}\text{Hz} = 172.77\text{Hz}$$

解题要点：解此类题目，需要理解惯性传感器的力学模型，即单自由度振动系统的受迫振动，了解系统的动态特性；掌握和理解粘性阻尼系数、固有频率、有阻尼固有频率以及位移共振频率、速度共振频率和加速度共振频率的意义；熟悉各种频率的计算公式。

7.4 复习思考题

1. 简述惯性式传感器的力学模型以及各种振动传感器的工作范围。

2. 简述各种振动测量传感器、磁电式速度计的下限截止频率与压电式加速度传感器的上限截止频率。

3. 简述电涡流式传感器测量系统的工作原理。

4. 何为稳态正弦激励、瞬态激励、随机激励？

5. 简述传感器标定的绝对法与相对法。

6. 简述电磁式激振器的工作原理及主要性能特点。

7. 指出你所知道的激振设备和激振方法的优缺点及适用范围。

7.5 习题解答

7-1 在稳态正弦振动中，是否可以只测位移，再对位移进行微分的方法，求速度和加速度？或者只测量加速度，再用对其进行积分的方法求得速度和位移？为什么？

解：可以。因为根据力学理论，速度是位移对时间的一阶导数，加速度是位移对时间的二阶导数。显然振动的位移、速度和加速度之间也保持着简单的微积分关系，并且在许多测振仪器中都带有简单的微积分网络，根据需要即可作位移、速度、加速度之间的切换。

7-2 分析惯性传感器的工作原理。

解：惯性式测振传感器也叫绝对式测振传感器。其内部结构可以用一个单自由度的弹簧－质量振动系统来描述，其力学模型为

$$m\frac{\mathrm{d}^2z}{\mathrm{d}t^2}+c\frac{\mathrm{d}z}{\mathrm{d}t}+kz=-m\frac{\mathrm{d}^2x}{\mathrm{d}t^2}$$

工作时，将测振仪直接固定在被测振动物体的测点上，当传感器外壳随被测振动物体运动时，由弹性支撑的惯性质量块 m 将与外壳发生相对运动。惯性式测振传感器是由与传感器壳体之间用弹簧和阻尼器联系着的惯性质量块组成的单自由度振荡系统。壳体相对于惯性质量块的运动量即为被测物体的绝对振动量。

7-3 有一个压电加速度测量系统，如果用其测量信号的最高频率 $f=30\text{kHz}$，欲使幅值测量误差小于5%，传感器的固有频率为何值？用 50kHz 的传感器能否测量？为什么？

解：1）压电式加速度传感器是一个惯性式传感器，其力学模型为惯性型二阶系统，如图 7-4 所示。

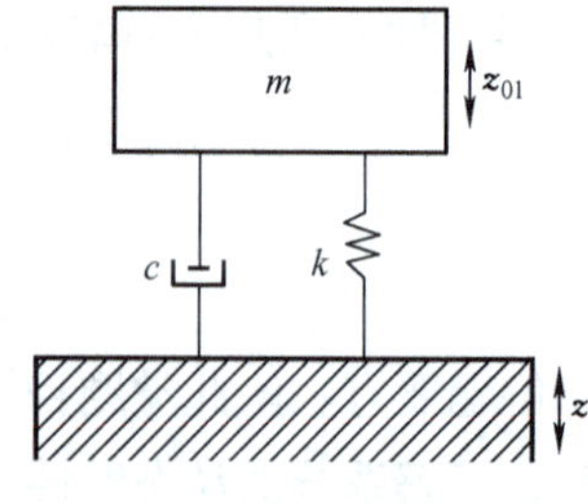

图 7-4 题 7-3 图

其幅频特性为

$$A(\omega)=\frac{\dfrac{f}{f_n}}{\sqrt{\left[1-\left(\dfrac{f}{f_n}\right)^2\right]^2+4\zeta^2\left(\dfrac{f}{f_n}\right)^2}}$$

令$f/f_n = y$，$A(\omega) = A$，代入上式得

$$A = \frac{y}{\sqrt{(1-y^2)^2 + 4\zeta^2 y^2}}$$

等式两边同时乘方，又令$y^2 = z$，化简、整理得

$$z^2 + (4\zeta^2 - 2 - \frac{1}{A^2})z + 1 = 0$$

取$\zeta = 0.7$，并代入$A(\omega) = 5\%$得

$$z^2 + (4 \times 0.7^2 - 2 - \frac{1}{0.05^2})z + 1 = 0$$

解方程得
$$z = 400.04$$

则
$$y = \sqrt{z} = \sqrt{400.038} = 20.001$$

当$f = 30\text{kHz}$时，系统固有频率为

$$f_n = \frac{30}{20.001}\text{kHz} \approx 1.5\text{kHz}$$

2）不能用50kHz的传感器测量30kHz的信号。因为，压电式加速度传感器属于惯性传感器，为了使加速度传感器正常工作，要求被测振动的频率f要远小于加速度传感器的固有频率。

对于$f_n = 50\text{kHz}$的压电式加速度传感器来说，虽然$\frac{f}{f_n} = 0.6 < 1$，但激振频率与系统的固有频率相差不大，所以，不能用50kHz的传感器测量30kHz的信号。

7-4　压电式加速度传感器有哪几种安装方法？安装时有哪些注意事项？

解：压电式加速度传感器的固定方法有7种：钢螺栓固定式、绝缘螺栓＋云母垫圈固定式、薄蜡粘贴式、手持探针式、永久磁铁固定式、硬性粘结螺栓式、硬性粘结剂粘结式。压电式加速度传感器与试件的各种固定方法见教材图7-13所示。

安装时应注意以下几点：

1）压电式加速度传感器的安装应使它的主灵敏度轴和所测量的振动方向成一条直线。

2）采用钢螺栓固定，是使共振频率能达到出厂共振频率的最好方法。但螺栓不得全部拧入基座螺孔，以免引起基座变形，影响压电式加速度传感器的输出。在安装面上涂一层硅脂可增加不平整安装表面的连接可靠性。

3）需要绝缘时可用绝缘螺栓和云母垫片来固定压电式加速度传感器，但垫圈应尽量簿。

4）用一层簿蜡把压电式加速度传感器粘在试件平整表面上，可用于低温（40℃以下）场合。

5）手持探针测振方法，在多点测试时使用特别方便，但测量误差较大，重复性差，使用上限频率一般不高于1000Hz。

6）用专用永久磁铁固定压电式加速度传感器，使用方便，多在低频测量中使用。此法也可使压电式加速度传感器与试件绝缘。

7）用硬性粘接螺栓或粘结剂的固定方法也常使用，应尽可能地使测件表面清洁而光滑。

7-5　如何对测振传感器进行校准？请简述方法。

解： 对测振传感器进行校准时，由振动台或激振器产生标准的激励信号，对传感器施加激振，测试被校准传感器相应的输出量，并与输入量比较，计算相应的标定参数，作出标定图表。

常用的校准方法有绝对法、相对法和校准器法。

（1）绝对法　将被校准拾振器固定在校准工作台上，由正弦信号发生器经功率放大器推动振动台，用激光干涉测振仪直接测得振动台的振幅，再和被校准拾振器的输出进行比较，以确定被校准拾振器的灵敏度。

（2）相对法　又称背靠背比较校准法。此法是将待校准的传感器与标准传感器“背靠背”地安装在振动台上，承受相同的振动。将两个传感器的输出比较，就可以计算出该频率点待校准传感器的灵敏度。

在实际中往往采用信号叠加的方法获得绝对振动值。设备和技术要求比较低，特别适合一般部门采用。

7-6　选择测振传感器的注意事项是什么？

解： 测振传感器的选择应注意下列几个问题：

（1）直接测量参数的选择　拾振器的被测量是位移、速度或加速度。它们是 ω 的等比数列，能通过微积分电路来实现它们之间的换算。传感器选择时还应使最重要的参数能以最直接、最合理的方式测得。

（2）传感器的频率范围、量程、灵敏度等指标　各种拾振传感器都受其结构的限制而有其自身适用的范围，选用时需要根据被测系统的振动频率范围来选用。

（3）使用的环境要求、价格、寿命、可靠性、维修、校准等　例如激光测振尽管有很高的分辨力和测量精确度，但由于对环境（隔振）要求极严、设备又极昂贵，它只适用于实验室作精密测量或校准。电涡流式和电容式传感器均属非接触式传感器，前者对环境要求低而被广泛应用于工业现场对机器振动的测量中。大型汽轮发电机组、压缩机组振动监测中用的拾振器要能在高温、油污、蒸汽介质的环境下长期可靠地工作，常选用电涡流式传感器。

7-7　用压电式加速度传感器和电荷放大器测量振动加速度，如果加速度传感器的灵敏度为80pC/g，电荷放大器的灵敏度为20mV/pC，当振动加速度为5g时，电荷放大器的输出电压为多少？此电荷放大器的反馈电容为多少？

解： 据题意，$S_q=80\text{pC/g}$，$S_A=20\text{mV/pC}$，$a=5\text{g}$，设测试系统的总灵敏度为 S，则

$$S=S_qS_A$$

输出电压为

$$u_y = Sa = S_q S_A a = 80 \times 20 \times 5\text{mV} = 8000\text{mV} = 8\text{V}$$

电荷量为

$$q = S_q a = 80 \times 5\text{pC} = 400\text{pC}$$

传感器输出电压为

$$u_y = q / C_f$$

反馈电容为

$$C_f = \frac{q}{u_y} = \frac{400}{8}\text{pF} = 50\text{pF}$$

第 8 章　应变、力与扭矩测量

8.1　学习要求及学习方法

1）掌握应力、应变测量的原理以及布片和组桥的方法。

2）了解常用测力传感器的原理和应用。

3）了解常用的扭矩测量方法。

4）掌握应变式扭矩测量的布片、组桥和计算方法以及扭矩测量信号的传输方式。

5）了解压力测量的弹性元件及压力测量装置的原理及应用。

6）在学习方法上，对于应变和应力的测量，需要结合教材第三章中电阻应变片传感器的工作原理与计算方法及第四章中各种电桥的输出特性等内容来掌握，重点在于试件在轴向拉伸（压缩）载荷作用下，布片和接桥方法。对于三向力的测量和扭矩测量是学习的难点，要注意运用材料力学和理论力学的有关知识来分析和解决问题，尤其是要学会针对构件不同的受力状态设计测试方案、接桥及信息处理。

8.2　学习要点与难点分析

在机械工程中，应变、力和扭矩是很常用的机械参量。通过对机械零件和机械结构的应变、力和扭矩的测量，可以分析其受力状况和工作状态，验证设计计算，确定工作过程和某些物理现象的原理。对设备的安全运行、自动控制及设计理论的发展等都有重要的指导作用。

8.2.1　应变与应力的测量

应力测量是其他力参数测量的基础，其测量方法是先测量应变，然后计算出应力的大小。

1. 应变的测量

（1）应变测量方法　应用电阻应变片和电阻应变仪测定构件的表面应变，然后根据应变和应力的关系式，确定构件表面的应力状况。

（2）应变测量原理　应变测量系统的基本组成如图 8-1 所示。

图 8-1　应变测量系统的基本组成

应变片粘贴在试件上，当试件变形时应变片随之发生变形，这时应变片的电阻值也发生变化，通过测量电路即可产生与变形成比例关系的模拟信号，最后换算成应变的大小。

（3）应变测量装置　应变测量装置也称电阻应变仪，是配合电阻应变片用来测量应变的仪器。

1）基本组成。它是由测量桥、读数桥、放大器、检波器、滤波器、振荡器、功率放大器、显示器、电源等组成，原理框图见教材图 4-18。

2）应变仪的分类如下：

① 按用途可分为静态电阻应变仪、静动态电阻应变仪、动态电阻应变仪、超动态电阻应变仪。

② 按供桥电源性质可分为直流供桥电阻应变仪、交流供桥电阻应变仪。

3）应变仪的适用范围如下：

① 静态电阻应变仪用于测量静态载荷下的应变以及变化十分缓慢或频率变化后能很快稳定下来的应变。

② 静动态电阻应变仪的工作频率为 0 ~ 200Hz，用于测量静态应变或频率在 200Hz 以下的低频动态应变。

③ 动态电阻应变仪的工作频率为 0 ~ 2000Hz，用于测量 2000Hz 以下的动态应变，通常具有 4 ~ 8 个通道，可以对多个应变信号同时测量。

④ 超动态电阻应变仪的工作频率为 0 ~ 20 000Hz，用于测量爆炸冲击等瞬态变化过程下的超动态应变。

（4）应变仪的电桥特性　应变仪中多采用交流电桥，电源以载波频率供电，4 个桥臂均为电阻组成，由可调电容来平衡分布电容。电桥输出电压为

$$u_o = \frac{R_1R_3 - R_2R_4}{(R_1 + R_2)(R_3 + R_4)}u_e$$

当各桥臂应变片的灵敏度 S 相同时，电桥的加减特性为

$$u_o = \frac{u_e}{4}\left(\frac{\Delta R_1}{R} - \frac{\Delta R_2}{R} + \frac{\Delta R_3}{R} - \frac{\Delta R_4}{R}\right)$$

$$= \frac{u_e}{4}S(\varepsilon_1 - \varepsilon_2 + \varepsilon_3 - \varepsilon_4) \tag{8-1}$$

半桥单臂　$u_o = \frac{1}{4}u_e S_g \varepsilon$　（R_1产生 ΔR）

半桥双臂　$u_o = \frac{1}{2}u_e S_g \varepsilon$　（R_1产生 ΔR，R_2产生 $-\Delta R$）

全桥　$u_o = u_e S_g \varepsilon$　（R_1、R_3产生 ΔR，R_2、R_4产生 $-\Delta R$）

（5）布片和组桥方式　应变片的布置和电桥组接简称布片组桥。其方式应根据被测量和被测对象受力分布来确定，还应利用适当的布片组桥方式消除温度变化和复合载荷作用的影响。

1）布片和接桥的原则如下：

① 在分析试件受力的基础上选择主应力最大点为贴片位置。

② 充分合理地应用电桥和差特性，只使需要测的应变影响电桥的输出，且有足够的灵

敏度和线性度。

③ 使试件贴片位置的应变与外载荷呈线性关系。

2）构件的受力与测试方案。针对构件的受力情况，通常有单一变形的应变测量和组合变形的应变测量。单一变形的应变测量以构件轴向拉（压）载荷下应变测量为主，组合变形的应变测量以弯曲与拉伸（压缩）的组合变形为主。

对于不同的受力变形情况，需要采用适当的布片组桥方法。例如测轴向拉（压）构件的应变，不同的布片和接桥方式对温度的补偿和除弯矩影响的能力不同，输出信号的大小也不一样。

方案一：温度补偿。沿构件表面的轴线方向贴工作片 R_1，在温度补偿板上贴补偿片 R_t，二者组成半桥即可测得轴向应变 ε_P。

实现温度补偿必须满足以下条件：补偿板和试件的材料相同；工作片、补偿片完全相同，放在完全相同的温度场中，接在相临桥臂。于是，静态电阻应变仪上的读数 $\varepsilon_{仪}=\varepsilon_P$。

方案二：消除弯矩的影响。用对称双工作片粘贴，另设补偿片，接成半桥或全桥。由加减特性可知，这样可以消除因加载偏心而造成的附加弯矩。其中全桥接法的输出电压是半桥接法的两倍。

方案三：用多工作片提高应变测量的灵敏度。用四工作片上下、横竖对称布片。这种方法可以消除因加载偏心而造成的附加弯矩，也可得到最大输出应变值，即

$$\varepsilon_{仪}=2(1+\mu)\varepsilon_1$$

测量构件拉（压）应变的方案很多，请参阅教材表 9-2。

当试件受到弯矩作用时，其上、下表面会分别产生拉应变或压应变。可通过应变测量求得弯矩，布片接桥时要注意利用电桥特性，在输出中保留弯应变的影响，消除轴向拉、压力产生的应变成分。

对于构件应变测量的信息处理，需要用材料力学中杆件的应力和变形的计算公式进行推算。请复习材料力学中的有关章节。

（6）应变片的选择及应用

1）试件的测试要求。应变片的选择应从满足测试精度、所测应变的性质等方面考虑。

① 动态应变的测试一般应选用阻值大、疲劳寿命长、频率响应特性好的应变片。

② 在应变梯度较大的测试中，应尽量选用短基长的应变片。

③ 对于小应变的测试宜采用高灵敏度的半导体应变片，测大应变时应采用康铜丝制成的应变片。

2）试验环境和试件的状况如下：

① 选用具有温度自动补偿功能的应变片。

② 选用防潮性好的胶膜应变片。

3）应变片的粘贴。

① 粘贴工艺包括试件清理、上胶、粘合、加压、固化、检验等。

② 技术要求包括粘合紧密、无气泡、牢固、绝缘好。

2. 应力的测量

应力测量可分为单向应力测量和平面应力测量，前者可用单个应变片测量，后者一般采用应变花测量。

（1）应力测量的原理　应力测量原理实际上就是先测量受力物体的变形量，然后根据胡克定律换算出待测应力的大小。

应力测量的一般步骤如下：

1）对被测试件进行应力应变分析。

2）确定贴片方式。

3）确定组桥方式。

4）根据数据进行结果计算。

本章介绍了静态应力测量方法，其基本原则对于动态应力测量也适用。

（2）应力状态与应力计算

1）单向应力状态下应力测定。只要测得外表面上轴向应变 ε，直接由胡克定律计算。即

正应力
$$\sigma = E\varepsilon \tag{8-2}$$

拉（压）力
$$F = \sigma A = EA\varepsilon \tag{8-3}$$

式中，E 为被测试件材料的弹性模量（Pa）；A 为试件的横截面积（m^2）。

布片组桥方法见教材表 9-1。

2）平面应力状态下主应力测定。在平面应力状态下，应力与应变之间的关系，即平面应力状态胡克定律为

$$\varepsilon_x = \frac{1}{E}(\sigma_x - \nu\sigma_y) \tag{8-4}$$

$$\varepsilon_y = \frac{1}{E}(\sigma_y - \nu\sigma_x) \tag{8-5}$$

$$\gamma_{xy} = \frac{1}{G}\tau_{xy} = \frac{2(1+\nu)}{E}\tau_{xy} \tag{8-6}$$

式中，E 为材料的弹性模量；ν 为材料的泊松比；G 为剪切弹性模量；σ_x、σ_y、τ_{xy} 为构件上任意点原始单元体的应力值，见图 8-2；ε_x、ε_y、γ_{xy} 为构件上任意点原始单元体的应变值。

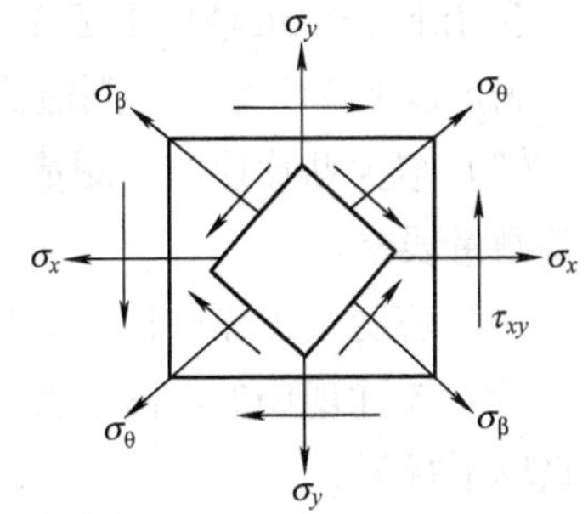

图 8-2　构件上原始单元体的应力值

平面应力状态下的应力测量，有如下两种情况：

① 已知主方向的主应力测定。一般在相互垂直的主应力方向上粘贴应变片，测出应变，再根据胡克定律公式计算出主应力。在平面应力问题中，主方向已知时，平面应力状态的胡克定律可简化为

$$\sigma_1 = \frac{E}{(1-\nu^2)(\varepsilon_1 + \nu\varepsilon_2)} \tag{8-7}$$

$$\sigma_2 = \frac{E}{(1-\nu^2)(\varepsilon_2 + \nu\varepsilon_1)} \tag{8-8}$$

② 未知主应力方向的主应力测定。在多数情况下，主应力方向是未知的。取出任意单元体，有待确定的应力为 σ_x，σ_y，τ_{xy}，如图 8-2 所示。根据平面应力问题的胡克定律，可用测量该点应变的方法来确定未知的应力。一般采用贴应变花的方法进行测试，对于平面应力状态只要测出某点的 3 个方向的应变，根据平面胡克定律公式即可计算出应力的大小和方向。主应力计算公式可查有关试验应力分析资料，也可根据材料力学中应力圆、应变圆的知识自行推导。

应变花是由 3 个或多个按一定角度关系排列的应变片组合。

市场上有多种应变花，可以按工况需要来选购。目前常用的应变花有三片 45°、60°、90°等，也有四片的 45°应变花和 60°应变花。每种应变花都有其应力、应变的计算公式，需要时请查阅有关手册。

3. 提高应力测量精确度的措施

（1）选择仪器、进行定度（标定）　可计算线性度、灵敏度、回程误差（见教材第二章第二节）、拟合直线等。

（2）消除导线电阻的影响　一般测试系统的导线长度小于 10m，若超过 10m 应修正灵敏度（现场标定），应变片灵敏度为

$$\frac{S_g R}{R + R_0}$$

式中，R 为应变片电阻值；R_0 为导线电阻。

（3）减少读数漂移　采用屏蔽线接地；工作片与补偿片导线电阻相等。

（4）补偿温度影响

1）方法有温度自补偿片、电路补偿。

2）条件如下：

① 补偿片与工作片的参数一致（S_g 为灵敏度系数，α 为温度系数等）。

② 粘贴在同一试件上（线膨胀系数 β 一致则产生 ΔR 一致）。

③ 在同一温度环境下工作。

满足以上 3 个条件，则热输出一样，所引起的 ΔR_t 接于相邻臂则消除温度的影响。

（5）减少贴片误差　测量单向应变时，应变片的轴线与主应变方向尽可能的一致，减少其测量误差。

（6）应变片工作条件　应与额定条件一致。

（7）排除现场的电磁干扰　如接地不良；导线间的静电感应、互感、漏电等；附近的强磁场干扰等。

4. 测点的选择

工程上需要测试的构件往往是形状或受力形式都比较复杂，这就要根据力学理论，再结合实践经验，按测试目的选择测点。要求以最少的测点得到最佳的结果，通常应考虑以下几方面：

1）进行受力分析，找出危险截面与位置。

2）应力集中处可布点。

3）均匀布置5～7个测点，寻找应力分布规律。

4）利用结构与载荷的特点，减少测点数目（如对称）。

5）在不受力处布点，来验证、监视测试过程。

总之，测点的选择是一个既重要又复杂的问题，需要认真对待。

8.2.2 力的测量

1. 力的测量原理

当力施加于物体后，会产生两种效应——静力效应和动力效应。测力就是利用这两种效应，根据胡克定律或牛顿第二定律确定力的大小。

（1）利用静力效应测力　力的静力效应使物体产生变形，也称为变形效应。通过测定物体的变形量或用与内部应力相对应参量的物理效应来确定力值。

（2）利用动力效应测力　力的动力效应使物体产生加速度，也称为运动状态改变效应。测定了物体的质量及所获得的加速度大小就测定了力值。

工程上测力，大多采用静力效应原理。

2. 力的测量方法

力值的测试方法可分为两类：

1）直接比较法，即把待测力与基准量直接进行比较。

2）间接比较法，即将被测力通过力传感器转换成其他物理量，然后与标定值进行比较。此法不仅适用于静态力的测试，还广泛用于动态力的测试。

3. 常用测力传感器

实现力值测试的关键装置是测力传感器。测力传感器种类繁多，有弹性变形式、差动变压器式、压磁式和压电式等。

（1）弹性变形式力传感器

1）基本组成：弹性元件、应变片和电桥电路。

2）测量原理：利用弹性元件的弹性变形和作用力成正比的现象。

3）测量过程：被测力→弹性元件应变→电阻应变片→电桥输出电压。

4）形式特点与应用：常用的弹性元件有柱形、梁形、环形、轮辐等多种形式。弹性变形式的力传感器广泛应用于静态力和动态力的测试。

① 柱形弹性变形传感器：一般用于较大载荷测量，如大型轧钢设备的轧制力测量。

② 梁形弹性变形传感器：通过梁的弯曲变形测力，类型有等强度梁、等截面梁和双端固定梁等，特点是结构简单、灵敏度较高。

③ 环形弹性变形传感器：通过元件的弯曲变形测力，有圆环式和八角环式。其特点是结构较紧凑，主要用于切削测力仪，可测量车削、铣削、钻削、磨削、滚齿等加工过程中的切削力。

④ 轮辐式弹性变形传感器：轮辐式弹性元件受力状态可分为拉压、弯曲和剪切。剪切

受力的弹性元件具有对加载方式不敏感、抗偏载、侧向稳定、外形矮等特点。

(2) 差动变压器式力传感器

1) 基本组成：弹性元件、变压器和测量电路。

2) 测量原理：利用弹性元件的弹性变形和作用力成正比，而铁心位移与弹性变形成正比的现象。

3) 测量过程：被测力→弹性元件变形→铁心移动→电压输出。

4) 特点与应用：工作温度范围较宽，为了减小横向力或偏心力的影响，传感器的高径比应较小。

(3) 压磁式力传感器

1) 基本组成：弹性元件、变压器和测量电路。

2) 测量原理：基于压磁材料的压磁效应。

3) 测量过程：被测力→铁磁材料受压（拉）→应力方向磁导率变化→励磁绕组磁力线分布变化→磁力线与测量绕组交链→测量绕组感应电动势。

4) 特点与应用：其优点是输出灵敏度高、线性好、寿命长、维护方便、输出功率大、抗干扰性能好、过载能力强、可在恶劣环境中长期可靠运行；缺点是测量精度不高、频率响应低。常用于冶金、矿山、造纸、运输等行业非接触测量以及大型轧钢机的轧制力测量。

(4) 压电式力传感器　结构和原理见教材第三章第四节的内容。其特点是体积小、动态响应快，但是存在电荷泄漏的情况，不适宜静态力的测量，使用中应防止承受横向力和施加预紧力。

4. 空间力系测量装置

一般空间力系包括 3 个相互垂直的分力和 3 个相互垂直的力矩分量。通过巧妙地设计受力的弹性元件和布置应变片或者适当选择压电晶体片的敏感方向，可以测量空间力系。工程中物体的受力大多是空间分布的，例如车床的主轴、起重设备、高压输电线塔和飞机的起落架等结构的受力均属于空间分布力。

5. 动态测力装置的使用

(1) 动态误差　由于某些力学方面的原因，测力弹性元件的弹性力和被测力总有幅值和相位的差异，使用时应在整个工作频率范围内进行校准和标定。

(2) 交叉干扰　精心设计弹性元件，使其受力合理；正确选择应变片的粘贴部位，通过标定修正。

(3) 测力装置频率特性的测定　通过施加正弦激励或冲激激励测定其频率响应函数。

6. 测力传感器的标定

(1) 静态标定　确定校准曲线、灵敏度和各向交叉干扰度。标定过程一般在特制的标定台上进行，标准力通常采用砝码。

(2) 动态标定　获取传感器动态特性曲线，确定测量传感器固有频率、阻尼比、工作频带、动态误差等参数。动态标定适用于瞬变力和交变力等动态测试的传感器。

8.2.3 扭矩的测量

扭矩由力和力臂的乘积来定义，单位是 N · m。一般通过转轴的应变、应力、扭转角来测量扭矩。

根据被转换的参数和变换器类型，目前常用扭矩传感器有应变式、应变片式、磁电式、光电式传感器等。

1. 应变式传感器扭矩测量原理

测出应变后利用标定算出扭矩值；也可使用专用的二次仪表，直接换算显示出扭矩值。

由材料力学知，当受扭矩作用时，轴表面的主应变和扭矩成正比关系。即

弹性轴变形　$$M=\frac{\pi GD^4\varphi}{32l}\quad(\varphi \text{ 为弹性轴转角})\tag{8-9}$$

弹性轴应力　$$M=\frac{\pi D^3\sigma}{16}\quad(\sigma \text{ 为剪切应力})\tag{8-10}$$

弹性轴应变　$$M=\frac{\pi GD^3\varepsilon_{45^\circ}}{16}=\frac{\pi GD^3\varepsilon_{135^\circ}}{16}\tag{8-11}$$

式中，ε_{45°、ε_{135°分别为与轴线成 45°和 135°方向上的主应变；G、D、L 均为结构系数。

2. 应变片式传感器扭矩测量原理

它是利用应变片将扭矩产生的剪应变转换成电量进行测量。在转轴上或直接在被测轴上，沿轴线的 45°或 135°方向上粘贴应变片，并接入电桥，从电桥的加减特性可知，应变仪的读数就是剪应变值，再据标定曲线就可换算得扭矩值。

当转轴受转矩 M 作用时，应变片产生应变，其应变量 ε 与转矩 M 呈线性关系。即

对空心圆柱形轴　$$\varepsilon_{45^\circ}=-\varepsilon_{135^\circ}=\frac{8M}{\pi D^3G}\left[\frac{1}{1-(d^4/D^4)}\right]\tag{8-12}$$

对正方形截面轴　$$\varepsilon_{45^\circ}=-\varepsilon_{135^\circ}=2.4\frac{M}{a^3G}\quad(a \text{ 为弹性轴的边长})\tag{8-13}$$

此法常应用于各种需要测量扭矩和功率的传动实验台架上。

3. 其他传感器扭矩测量原理

（1）压磁式传感器扭矩测量原理　利用铁磁材料制成转轴，通过轴受扭时应力变化使材料磁导率变化的现象来测量扭矩。当转轴受扭矩作用时，转轴材料磁导率变化，沿正应力方向磁阻减小，沿负应力方向磁阻增大，从而使励磁线圈的磁力线分布改变，部分磁力线与测量线圈交链，并产生感应电动势。感应电动势随扭矩增大而增大，并在一定范围内呈线性关系。

其特点是可以非接触测量，使用方便，但要求旋转过程不出现径向跳动，否则铁心与转轴间隙改变，会造成测量误差甚至破坏测量设备。

（2）磁电式传感器扭矩测量原理　在转轴上固定两个材质和参数相同的齿轮，由永久磁铁和线圈组成的磁电式检测头，通过其所在横截面之间相对扭转角来测量扭矩。当转轴承受扭矩后，两线圈输出信号相位差不为零，且随两齿轮所在横截面之间相对扭转角的增加而加大，其大小与相对扭转角、扭矩成正比。

（3）光电式传感器扭矩测量原理　在转轴上固定两只圆盘光栅，通过两光栅之间相对扭转角来测量扭矩。在未受扭矩时，两光栅的明暗区相互遮挡，没有光线透过光栅照射到光敏元器件，故无输出。当转轴受扭矩后，转轴变形将使两光栅出现相对转角，部分光线透过

光栅照射到光敏元器件上产生输出信号。扭矩越大，扭转角越大，穿过光栅的光通量越大，输出信号越大，从而可实现扭矩测量。

4. 扭矩测量信号的传输

扭矩测量信号可用集电装置传输或用无线传输。

（1）集电装置　其组成如下：

集电装置{转子——是与应变片相连，随旋转件转动的集流环（滑环）
定子——是与外部测量仪器（应变仪）相连，压靠在集流环上的电刷（拉线）

集电装置应准确可靠地传递应变信号，防止干扰减少测量误差。

集流环与电刷之间接触电阻的变化是产生干扰、影响正常测量的主要因素。为了保证电刷与集流环接触良好，减少接触电阻，在每条滑道上应对称配置多个并联在一起的电刷，且使各电刷用弹簧压紧滑道。

集电装置的种类、形式很多，其原理、结构与电动机的集电装置相同。常用的集电装置有电刷式和拉线式两种形式。

（2）无线传输方式　有电波收发和光电脉冲传输两种方式。电波收发方式测量系统要求有可靠的发射、接收和遥测装置，因为其信号容易受到干扰；而光电脉冲测量抗干扰能力较强，它是把测试数据数字化后以光信号的形式从转动的测量盘传送到固定的接收器上，然后经解码器后还原为所需的信号。

8.2.4　难点分析

三向力和扭矩的测量方法以及在各种载荷复合作用下如何布片和组桥，测量由其中单一载荷所产生的应变是本章学习的难点。

1）正确地选定测点是必须首先解决的重要问题。因为，测点位置选择得不恰当或数量不足，就不能达到测试的预期目的。过多的测点会增加不必要的测试工作量，有时还会由于仪器条件的限制，以致根本不可能实现。若被测对象是杆件，即可根据测试要求，按前面讲述的方法进行测量。但是，工程上需要测试的构件往往形状或受力形式都比较复杂，这就要根据力学理论，再结合实践经验，按测试目的选择测点。通常对于正在研制的新产品，必要时，先进行光弹性实验，以了解它的应力分布规律，从而选择截面形状或判断危险点位置，为确定电测测点提供依据。对于已生产使用的机械及工程结构，也可以配合使用脆性涂层等实验方法，了解其表面应力分布情况，然后选定测点。

2）掌握接桥方法是测试的基本要求之一。正确的接桥不仅可以提高灵敏度、减少测量误差、实现温度补偿，还可以达到在杆件组合变形下测取某一应变成分的目的，从而大大减少测试的工作量。

从电桥输出的关系式可以看出，相邻桥臂（R_1和R_2，R_3和R_4）有同号电阻变化时，对电桥输出具有相减特性；而相对桥臂（R_1和R_3，R_2和R_4）有同号电阻变化时，对电桥输出具有相加特性。在全桥连接的情况下，当$R_1=R_2=R_3=R_4$时。则有：

① 相邻桥臂的电阻有大小相等、符号一致的变化，或相对桥臂的电阻有大小相等、符号相反的变化，不会影响电桥的输出。

② 相邻桥臂的电阻有大小相等、符号相反的变化，或相对桥臂的电阻有大小相等、符号一致的变化，则电桥输出将加倍，即电桥的灵敏度提高为原来的两倍。

③ 相邻桥臂的电阻有大小相等、符号相反的变化，而相对桥臂的电阻又有大小相等、符号相同的变化，则电桥的灵敏度提高为原来的 4 倍。

8.3　典型题解析

【例 8-1】　如图 8-3 所示，悬臂梁弹性模量 $E=20\times10^{10}$Pa，贴片处的抗弯截面系数 $W=2\times10^{-6}\text{m}^2$，应变片 $R_1=R_2$，现用仪器测得 p 作用的指示应变为 2000με，求 p 的大小。

解： 由图 8-3 可知，该梁是受弯矩作用的等截面梁。由材料知识可知

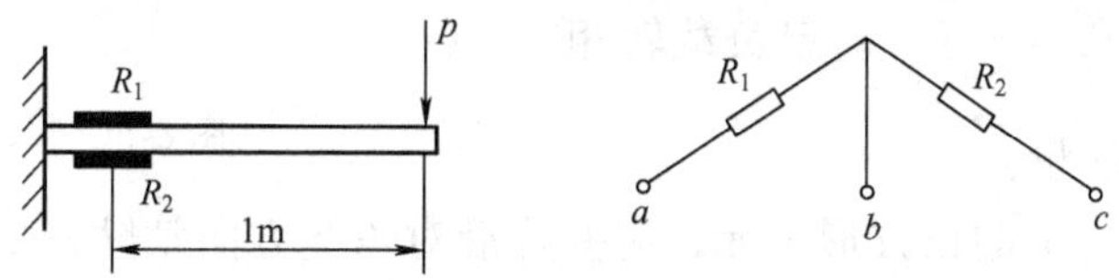

图 8-3　例 8-1 图

弯矩(N·m)　　$$M=pL=\sigma W=E\varepsilon W$$

力(N)　　$$p=\frac{M}{l}=\frac{E\varepsilon W}{l}$$

式中，$\varepsilon=2000\mu\varepsilon$。将 $l=1$m 代入上式得

$$p=\frac{M}{l}=\frac{E\varepsilon W}{l}=\frac{20\times10^{10}\times2000\times10^{-6}\times2\times10^{-6}}{1}\text{N}=200\text{N}$$

解题要点：解此类题目，需要复习材料力学中的有关在弯矩作用下的正应力计算公式。

【例 8-2】　在图 8-4 中，已知电桥的固定电阻为 R，电阻应变片的电阻 $R_1=R_2=R=120\Omega$，上下贴片的位置对称，应变片的灵敏度 $S_g=2$，现用仪器测得在力 p 的作用下应变为 10000με，电桥的激励电压 $u_e=3$V。求双臂电桥的输出电压 u_o 及应变片电阻的变化量 ΔR。

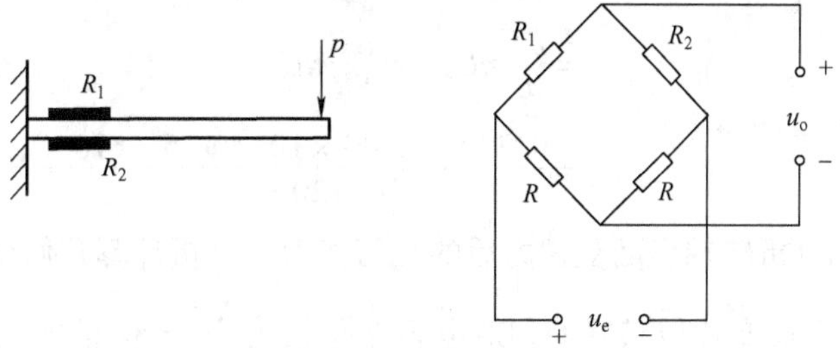

图 8-4　例 8-2 图

解： 由题意知，此为等臂电桥、双臂电桥的工作方式。因上下贴片的位置对称，即 $\Delta R_1=-\Delta R_2=\Delta R$，因此电桥具有加减性。

输出电压为

$$u_o=\frac{u_e}{4}\left(\frac{\Delta R_1}{R}-\frac{\Delta R_2}{R}\right)=\frac{u_e}{2}\frac{\Delta R}{R}=\frac{u_e}{2}S_g\varepsilon$$

$$=\frac{1}{2}\times 3\times 2\times 10000\times 10^{-6}\text{V}=3\times 10^{-2}\text{V}=0.03\text{V}$$

根据电阻应变片传感器的工作原理，得应变片电阻的变化量为

$$\Delta R=RS_g\varepsilon=120\times 2\times 10000\times 10^{-6}\Omega=2.4\Omega$$

解题要点：此类题的解答，要熟悉电阻应变片传感器的工作原理和电桥的输出特性。

【例 8-3】 一台电动机通过一根碳钢的转轴带动恒转矩负载旋转。为测此转矩，在轴上按图 8-5a 所示的角度粘贴一片电阻应变片，$R=120\Omega$，灵敏度 $S=2$，中碳钢剪切模量是 80GPa，轴径 $r=30\text{mm}$，如果 $\Delta R=0.24\Omega$，试根据公式 $\frac{\varphi}{T}=\frac{2}{\pi G_s r^3}$ 确定负载转矩 T（G_s为材料的剪切模量）。

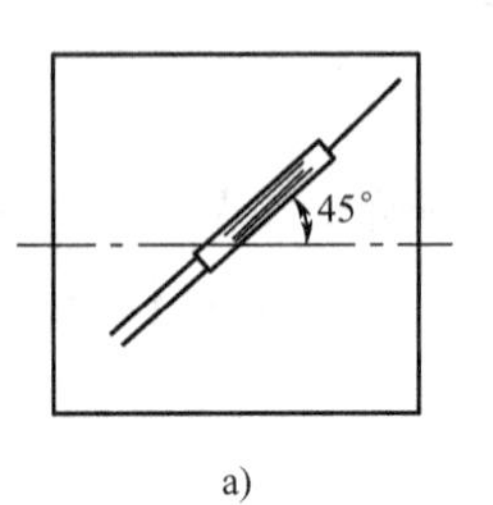

a)

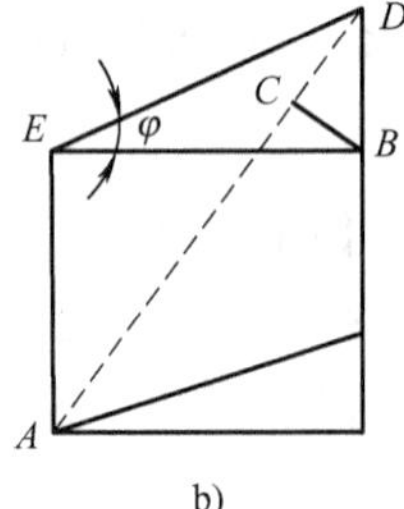

b)

图 8-5 例 8-3 图

解： 轴表面取长为 1 的正方形单元，应变片沿对角线方向粘贴，受扭后变成平行四边形，对角线伸长为 ΔL，如图 8-5b 所示。

当 φ 角很小时有 $\tan\varphi=\frac{DB}{EB}\approx\varphi=DB$

$$CD=DB\cos 45^\circ=\varphi\cos 45^\circ=\varphi\frac{\sqrt{2}}{2}$$

即

$$\Delta L=\frac{\sqrt{2}}{2}\varphi \qquad 则\frac{\Delta L}{L}=\frac{\frac{\sqrt{2}}{2}\varphi}{\sqrt{2}}=\frac{1}{2}\varphi$$

所以

$$\varphi=2\frac{\Delta L}{L}$$

代入公式得

$$\frac{2\Delta L/L}{T}=\frac{2}{\pi G_s r^3}$$

即

$$T=\frac{\Delta L}{L}\pi G_s r^3=\frac{\Delta R}{SR}\pi G_s r^3$$

$$=\frac{0.24\times\pi\times 80\times 10^9\times 1.5^3\times 10^{-6}}{120\times 2}\text{N}\cdot\text{m}=848\text{N}\cdot\text{m}$$

解题要点：首先分析转轴表面受扭力后的几何变形，分析计算几何变形量，然后利用纵向应变为 $\frac{\Delta L}{L}=\varepsilon$，电阻应变片传感器的相对电阻变化量为 $\frac{\Delta R}{R}=S\varepsilon$ 的概念，利用给定公式计算待求转矩 T。

8.4 复习思考题

1. 简述应变测量的基本原理。
2. 简述应变测量装置的基本组成。

3. 应变测量中如何布片和接桥?
4. 如何选择应变片? 选择测点考虑的因素是什么?
5. 简述应力测量的原理。
6. 应变应力测量中温度补偿的方法和条件是什么?
7. 柱形电阻应变式力传感器的弯矩如何消除? 温度补偿措施是什么?
8. 为什么测量扭矩时，应变片要沿轴线的45°或135°方向粘贴?

8.5 习题解答

8-1 说明应变式压力和力传感器的基本原理

解：应变式测力传感器是基于弹性元件的弹性变形和作用力成正比的现象进行工作的。其基本原理是，被测力作用到弹性元件上，使弹性元件产生应变，再由电阻应变片利用电阻应变效应测出应变，从而间接地测出力的大小。

8-2 有一个应变式力传感器，弹性元件为实心圆柱，直径 $D=40$mm，在其上沿轴向和周向各贴两片应变片（灵敏度系数 $S=2$），组成全桥电路，桥压为10V，已知材料弹性模量 $E=2.0\times10^{11}$Pa，泊松比 $\nu=0.3$，试求该力传感器的灵敏度，单位用 μV/kN 表示。

解：电桥的激励电压 $u_e=10\text{V}$

电桥的输出电压 $u_o=\dfrac{u_e}{2}S\varepsilon\ (1+\nu)$

圆柱体受力 $F=\sigma A=E\varepsilon A$

设力传感器的灵敏度为 S_g，则

$$S_g=\frac{\Delta U_o}{\Delta F}\approx\frac{u_o}{F}=\frac{S\varepsilon(1+\nu)u_e}{2E\varepsilon A}=\frac{S(1+\nu)u_e}{2E\pi\left(\frac{D}{2}\right)^2}$$

$$=\frac{2\times(1+0.3)\times10}{2\times3.14\times2.0\times10^{11}\times(20\times10^{-3})^2}\mu\text{V/kN}=51.75\mu\text{V/kN}$$

8-3 有一电阻应变片如教材图9-20所示，其灵敏度 $S=2$，$R=120\Omega$，设工作时其应变为1000με。问 $\Delta R=$? 设将此应变片接成如图所示的电路。试求：1）无应变时电流表示值；2）有应变时电流表示值；3）电流表指示值相对变化量；4）试分析这个变量能否从表中读出（注：με 为微应变）?

解：解法与习题3-4相同。

第9章　计算机测试系统与虚拟仪器

9.1　学习要求及学习方法

1）了解现代测试技术及虚拟仪器的基本思想。

2）了解数据采集系统组件的基本原理以及有关测控系统总线的基础知识。

3）掌握虚拟仪器、网络化测试系统的组成和基本概念。

4）在学习方法上，结合计算机原理及接口技术等课程来学习和理解本章内容。

9.2　学习要点与难点分析

通常把具有自动化、智能化、可编程化等功能的测试系统称为现代测试系统。现代测试系统主要有三大类：智能仪器、自动测试系统和虚拟仪器。测试技术与计算机技术几乎是同步、协调向前发展的，计算机技术已成为现代测试仪器和系统的核心，即构成计算机测试系统。

9.2.1　计算机测试系统的基本组成

1. 计算机测试系统的基本组成

计算机测试系统由微型计算机或微处理器、被控仪器和设备、接口、软件四部分组成。其内部结构框图如图9-1所示。

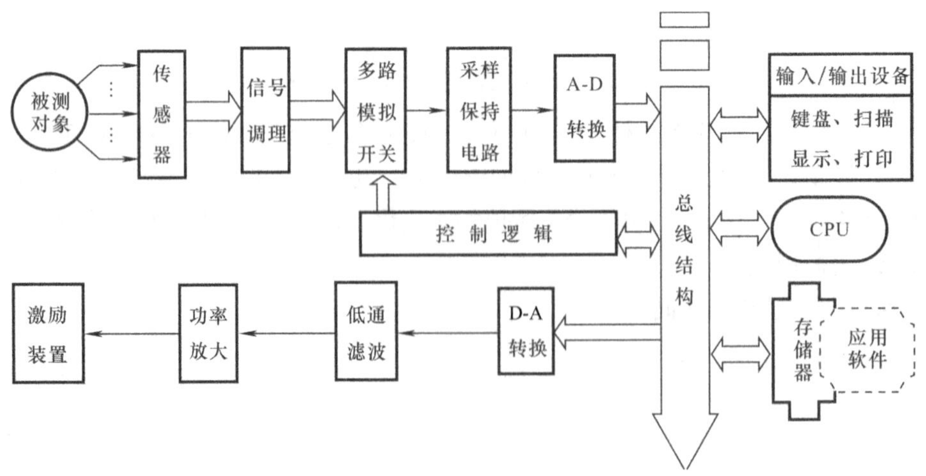

图9-1　计算机测试系统内部结构框图

与传统的测试系统比较，计算机测试系统通过将传感器输出的模拟信号转换为数字信号，利用计算机系统丰富的软、硬件资源达到测试自动化和智能化的目的。

2. 计算机测试系统的三种类型

(1) 插卡式测试系统 即在计算机的扩展槽中插入信号调理、模拟信号采集、数字输入输出、DSP（数字信号处理芯片）等测试与分析板卡，构成通用或专用的测试系统，如图9-2所示。

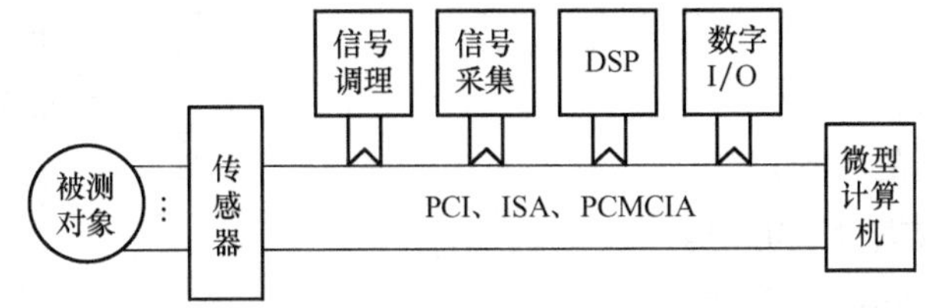

图9-2 插卡式测试系统结构框图

此类系统具有标准化、模块化、可靠性高、可重构等特点，并以简便灵活、便于移动、可即插即用等优势，在现场测控中广泛使用。

(2) 仪器前端与计算机组合测试系统 其结构框图如图9-3所示，仪器前端一般由信号调理、模拟信号采集、数字输入输出、数字信号处理、测试控制等模块组成。由VXI、PXI等专用仪器总线连接在一起构成独立机箱，并通过以太网接口、1394、并行接口等通信接口与计算机相连，构成通用或专用测试系统。

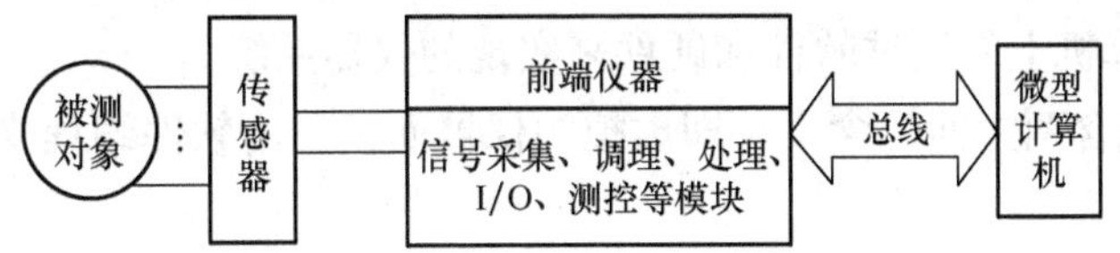

图9-3 仪器前端与计算机组合测试系统结构框图

(3) 可编程仪器与计算机组成的测试系统 又称为仪器控制系统，其结构框图如图9-4所示。

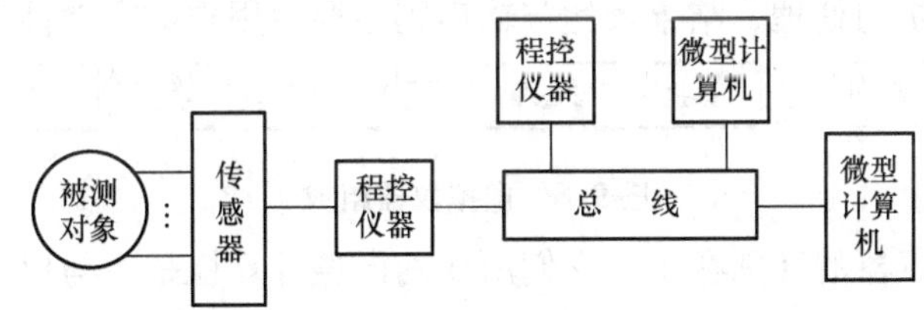

图9-4 可编程仪器与计算机组成的测试系统结构框图

可编程仪器和计算机的通信主要采用国际标准通用接口总线技术，把这类测试系统从专用化推向了通用化。所以，利用可编程仪器和计算机组成的测试系统，其设计、使用和组装都比较容易。这类测试系统与前两类系统的最大区别在于，可编程仪器本身能够脱离计算机独立运行，完成一定的测量任务。

上述三类计算机测试系统可以采用一般的测试分析软件构成计算机测试系统，也可以利用专门的软件系统构成虚拟仪器。

9.2.2 智能仪器

1. 智能仪器的概念

智能仪器是指内含微处理器的仪器或基于微型计算机的仪器，是以单片机为主体，将计算机技术与测量控制技术结合在一起构成的“智能化测量控制系统”。

2. 智能仪器的一般结构

智能仪器由硬件和软件两大部分组成，其一般结构如图 9-5 所示。

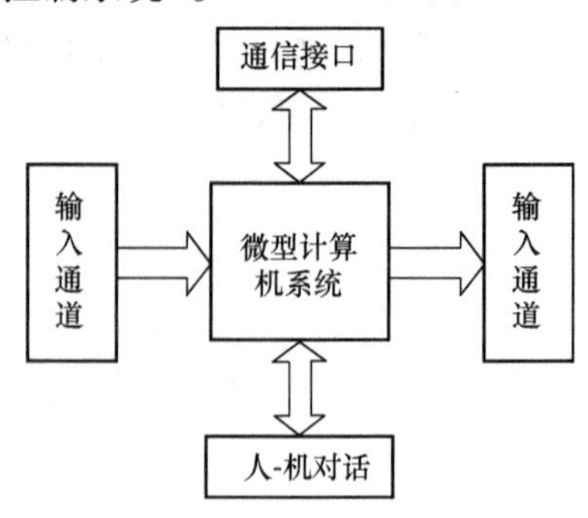

图 9-5 智能仪器的一般结构

3. 智能仪器的特点

1）具有自动校准的功能。

2）具有强大的数据处理能力。

3）具有量程自动切换的功能。

4）具有操作面板和显示器。

5）具有修正误差的能力。

6）有简单的报警功能。

9.2.3 虚拟仪器

1. 虚拟仪器的概述

所谓虚拟仪器，是在以通用计算机为核心的硬件平台上，用户设计定义可视化虚拟面板，测试功能由计算机上的测试软件和硬件来实现的仪器系统。

“虚拟”主要包含两方面的含义，即虚拟的仪器面板；由软件编程来实现的虚拟仪器测量功能。

2. 虚拟仪器的组成

虚拟仪器由三大功能块构成：信号的采集与控制、信号的分析与处理、结果的表达与输出，如图 9-6 所示。信号采集与控制主要由虚拟仪器的通用硬件平台，并配合仪器驱动程序共同完成，而数据分析与处理、结果表达与输出则主要由用户应用软件完成。

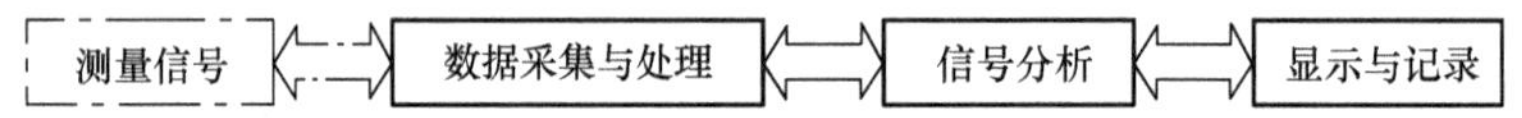

图 9-6 虚拟仪器组成

智能仪器和虚拟仪器的区别在于，它们所用的微型计算机是否与仪器测量部分融合在一起，也就是采用专门设计的微处理器、存储器、接口芯片组成的系统，还是用现成的微型计算机配以一定的硬件及仪器测量部分组合而成的系统。

3. 虚拟仪器的特点

1）硬件接口标准化。

2）硬件软件化。

3）软件模块化。

4）模块控件化。

5）系统集成化。

6）程序设计图形化。

7）计算可视化。

8）硬件接口软件驱动化。

4. 虚拟仪器的主要类型

（1）基于PC总线的虚拟仪器　内置PC总线（如ISA、PCI、PC/104）的通用数据采集卡（Data AcQuisition，DAQ）。

（2）基于通用接口总线（GPIB）的虚拟仪器　国际标准（IEEE488.1 和 IEEE488.2）技术成熟；但其数据传输速度一般低于500Kbit/s，对测试速度要求很高的场合不太适用。

（3）基于VXI总线的虚拟仪器　具有模块化、系列化、通用化、即插即用及VXI仪器的互换性和互操作性等特点。但价格相对较高，适合于高端的测试领域。

（4）基于PXI总线的虚拟仪器　兼容PCI总线产品，集CompactPCI的高性能和VXI可靠性，性价比最好。

5. 虚拟仪器的软件实现

（1）虚拟仪器测试系统的软件系统　一套完整的虚拟仪器系统的软件结构一般分为四层：

1）测试管理层。用户使用厂商开发的测试管理程序建立自己的测试仪器。

2）应用程序开发层。用户使用应用程序开发软件进行深层开发，以扩展其原有的功能。

3）仪器驱动层。连接上层应用程序与底层I/O接口仪器的控制与通信的程序。

4）I/O接口软件。完成对仪器寄存器进行直接存取数据操作，并为仪器设备与仪器驱动程序提供信息传递的底层软件。

（2）常用虚拟仪器软件　目前应用较多的有美国NI公司开发的LabWindows/CVI、LabVIEW等虚拟仪器专用开发软件。这些软件中不仅包括诸如菜单、对话框、按钮和图形这样的通用用户接口属性，而且还有像旋钮、开关、滑动控制条、表头、可编程光标、纸带记录仿真窗和数字显示窗等虚拟仪器应用接口属性。

应用软件的流行趋势之一是图形化编程环境。目前面市的图形化虚拟仪器框架有NI公司的LabVIEW和HP公司的VEE。

LabVIEW（Laboratory Virtual Instrument Engineering Workbench，实验室虚拟仪器工程平台）是美国NI公司推出的一种基于G语言（Graphics Language，图形化编程语言）的虚拟仪器软件开发工具。

6. 虚拟仪器的应用与发展

（1）应用领域　航空航天、自动化控制、电力测试系统、汽车性能检测、石油钻探和提炼等。

（2）发展趋势　网络化虚拟仪器、使用基于软件配置的模块化仪器是未来仪器发展的主流方向。

9.2.4　学习难点

本章难点在于，以虚拟仪器LabVIEW为开发平台，按照机械工程测试系统的要求，充分利用已有的标准化系统资源，开发便于更新、机动灵活、成本低廉、中文界面的机械工程测试系统。

9.3 复习思考题

1. 什么是智能仪器？系统组成是什么？
2. 虚拟仪器的系统组成是什么？
3. 虚拟仪器和智能仪器的区别是什么，各自的特点是什么？
4. 简述自动测试系统的组成。
5. Lab VIEW 的开发需要什么环境？
6. Lab VIEW 的数据流程模式是什么？
7. 传统仪器与现代智能仪器的主要区别是什么？

9.4 习题解答

9-1 计算机测试系统的分类有几种？并简述各类系统的特点。

解： 计算机测试系统的分类有 3 种。

（1）计算机插卡式测试系统　此类系统具有标准化、模块化、可靠性高、可重构、结构紧凑、功能强大、可即插即用、价格便宜等特点；缺点是大多没有抗混叠滤波器。

（2）仪器前端与计算机组合的测试系统　此类系统具有标准开放、结构紧凑、数据吞吐能力强、运行速度更快、定时和同步精确、模块可重复利用、配置灵活、更换方便、测试效率高、成本较低等优点；缺点是电磁兼容性较差。

（3）可编程仪器与计算机组成的测试系统　此类系统具有设计、使用和组装都比较容易、易于通用化等特点。这类测试系统与前两类系统的最大区别在于，可编程仪器本身能够脱离计算机独立运行，完成一定的测量任务，实现了独立、高效的测试。

9-2 请查阅资料，收集 5 个以上国内外不同厂商生产的 PCI 接口的数据采集卡，并比较其特性。

解： 略。

9-3 什么是 VXI 总线？什么是 PXI 总线？

解： VXI 总线（即 IEEE 1155 总线）是一种高速计算机总线——VME 总线在仪器领域的扩展。VXI 总线具有标准开放、结构紧凑、数据吞吐能力强（最高可达 40Mbit/s）、定时和同步精确、模块可重复利用、众多仪器厂家支持的特点，因此得到了广泛的应用。

PXI 总线是以 CompactPCI 为基础的，由具有开放性的 PXI 总线扩展而来。PXI 总线符合工业标准，在机械、电气和软件特性方面充分发挥了 PCI 总线的全部优点。PXI 构造类似于 VXI 结构，但它的设备成本更低、运行速度更快、体积更紧凑。PXI 还有高度的可扩展性。

9-4 简述仪器控制的概念

解：“仪器控制”是指这样一个操作：通过微型计算机上的软件控制仪器控制总线上的一台仪器。仪器自身通常支持一种或多种总线选择，以通过这些总线控制该仪器，微型计算机通常也提供多种用于仪器控制的总线选择。

9-5　试述智能仪器与普通的计算机测试系统的异同。

解：普通的计算机测试系统由四部分组成：微型计算机或微处理器、测量仪器或设备、总线和接口、软件。智能仪器是含有微型计算机或者微处理器的测量仪器。

两者的区别：普通计算机测试系统中，测量仪器和计算机是独立的部件。测量仪器和设备不具备存储和运算处理功能，主要完成信号的采集、测量、转换等任务。由计算机主要完成数据的存储、运算、逻辑判断、分析处理和显示输出等工作。

智能仪器的实质是以单片机为主体，将计算机技术与测量控制技术结合在一起，组成了所谓的“智能化测量控制系统”。仪器本身就具有对数据的存储运算逻辑判断及自动化操作等功能。

两者的相同点：其中都包含了微型计算机或微处理器结构，都能实现数据的存储、运算、逻辑判断、分析处理和显示输出等工作。

9-6　什么是虚拟仪器？并简述其软件组成结构。

解：虚拟仪器是在以通用计算机为核心的硬件平台上，用户设计定义可视化虚拟面板，测试功能由计算机上的测试软件和硬件来实现的仪器系统。

一套完整的虚拟仪器系统的软件结构一般分为四层：

（1）测试管理层　用户使用厂商开发的测试管理程序建立自己的测试仪器。

（2）应用程序开发层　用户使用应用程序开发软件进行深层开发，以扩展其原有的功能。

（3）仪器驱动层　连接上层应用程序与底层 I/O 接口仪器的控制与通信的程序。

（4）I/O 接口软件　完成对仪器寄存器进行直接存取数据操作，并为仪器设备与仪器驱动程序提供信息传递的底层软件。

第二部分

自测题及答案

测 试 题 一

一、单选题（10 分）

1. 瞬变信号的频谱图像是（　　）。

A. 离散的　　B. 连续的　　C. 是基频的整数倍　　D. 各分量具有公共周期

2. 窗函数在时域变窄，则其频域的频带（　　）。

A. 缩小　　B. 加宽　　C. 不变　　D. 不确定

3. 测试装置传递函数 $H(s)$ 的分母与（　　）有关。

A. 输入量 $x(t)$　　B. 输入点的位置

C. 装置结构　　D. 输出量 $y(t)$

4. 电涡流传感器是利用被测（　　）的电涡流效应。

A. 金属导电材料　　B. 非金属材料

C. PVF_2　　D. 水泥

5. 压电式加速度计，其压电片并联可提高（　　）。

A. 电压灵敏度　　B. 电荷灵敏度

C. 电压和电荷灵敏度　　D. 电压和电压灵敏度

6. 当电阻应变片式传感器拉伸时，该传感器电阻（　　）。

A. 变大　　B. 变小　　C. 不变　　D. 不定

7. 为使四臂交流电桥平衡，若相邻臂接入两电阻，另外两相邻臂接入（　　）的阻抗元件。

A. 性质不同　　B. 性质相同　　C. 性质不定　　D. 其他

8. 当信号的采样点数不变时，采样频率越高，（　　）。

A. 频域上分辨率越低　　B. 混叠越严重

C. 泄漏误差就越大　　D. 量化误差则越小

9. 调整光线示波器振子阻尼比 $\zeta=0.707$，其目的是为（　　）。

A. 保护振子不被烧毁　　B. 满足不失真条件

C. 阻抗匹配　　D. 提高频率

10. 周期信号 $x(t)$ 的自相关函数 $R_x(\tau)$ 是（　　）。

A. 与 $x(t)$ 同周期的周期信号　　B. 逐步衰减为零

C. 常数　　D. 无穷大

二、填空题（15 分）

1. 回转轴运动误差是指在回转过程中回转轴线偏离理想位置而出现的________。

2. 测试系统通常由________、____________及________所组成。

3. 测试装置的静态特性指标有________、________及________等。

4. 将被测物理量转换成与之相对应的、容易传输和处理的信号的装置称之为________。

5. 信号的时域描述以________为独立变量，而信号的频域描述以________为独立变量。

6. 利用正压电效应，可制作________、________等。

7. 带通滤波器的上截止频率 f_{c2}，下截止频率 f_{c1}，其中心频率 f_0 = ________，其带宽 B = ________。

8. 在进行四臂交流电桥设计时，若某两个相对臂接入电阻，为满足电桥平衡条件，另两相对臂中一个用容抗，另一个用________。

三、多选题（10 分）

1. 在信号的分类中，确定性信号包括（　　）

A. 周期信号　　B. 随机信号　　C. 准周期信号　　D. 瞬变信号　　E. 衰减振荡信号

2. 线性时不变系统的特点是（　　）。

A. 描述其特性的微分方程式的系数均为常数　　B. 符合叠加原理

C. 具有频率保持性　　D. 具有比例性

E. 具有卷积性

3. 限制应变片上限测量频率的是（　　）

A. 电桥的工作桥臂数　　B. 电桥激励电源的频率　　C. 应变片的基长

D. 应变片的数量　　E. 应变片的粘贴位置

4. 为扩展磁电式速度计的工作频率范围，应尽量使其中（　　）。

A. 支撑簧片刚度小　　B. 可动件的质量小

C. 阻尼比 ζ 保持在 1 左右　　D. 阻尼比保持在 0.7 左右

E. 支撑簧片刚度大

5. 滤波器带宽 B 越窄，表示它的（　　）。

A. 频率分辨率越高　　B. 响应的建立时间 T_e 越长

C. 响应的建立时间 T_e 越短　　D. 频率选择性越差

E. 频率分辨率越低

四、简答题（20 分）

1. 说明电阻丝应变片和半导体应变片的异同点以及各有何优点。

2. 简述调幅波的特点。

3. 交流电桥达到平衡时必须满足的条件是什么？如何来实现交流电桥的平衡？

4. 某装置的频率特性为 $A(\omega)$ = 常数，$\varphi(\omega) = -180°$。问该装置是否满足不失真测试条件？为什么？

5. 对单自由度系统基础位移所引起的受迫振动，分别写出其相对位移频率响应函数、绝对位移频率响应函数。

五、分析计算题（30 分）

1. 求图 1 所示的锯齿波 $x(t) = t/T(0 < t < T)$ 的傅里叶级数的展开。

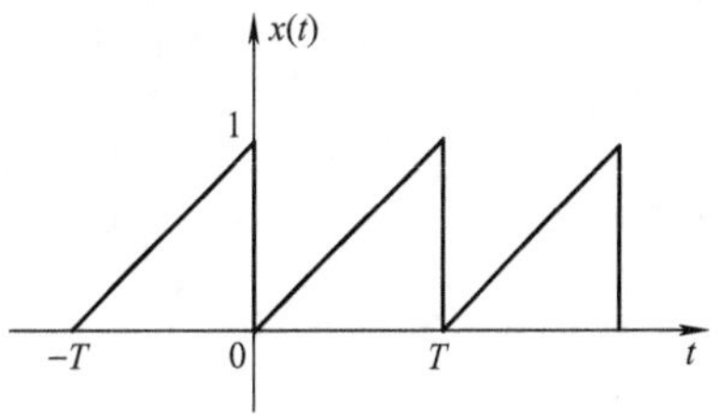

图 1

2. 已知一信号的自相关函数 $R_x(\tau) = \dfrac{64\sqrt{2}}{\tau}\sin(50\sqrt{2}\tau)$，求该信号的方均值 ψ_x^2 及方均根

值 x_{rms}。

3. 如图 2 所示，用悬臂梁测力 p，四片电阻应变片标称阻值均为 120Ω，应变片灵敏度系数 $S=2$。

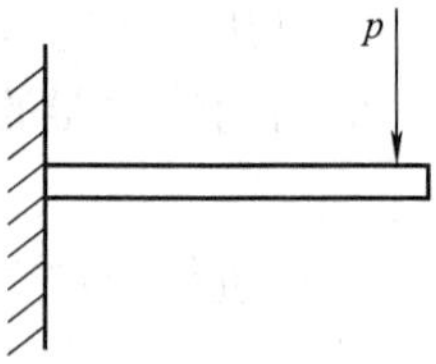

（1）全桥测量如何贴片和组桥（用图说明）？

（2）如悬臂梁应变 $\varepsilon=10000\mu\varepsilon$，电桥电压 $u_e=30\text{V}$，则全桥的输出电压 $u_o=?$

图 2

六、综合设计题（15 分）

设计一个实时监测轧制钢板厚度 δ 的装置，要求画出测量系统结构（框图），说明传感器的选用、测量电路设计及其工作原理。

测 试 题 二

一、单选题（10分）

1. 脉冲函数的频谱是（　　）。

A. 均匀谱　　B. 非均匀谱　　C. 逐渐增高　　D. 逐渐降低

2. 将信号在时域进行扩展，则信号在频域将（　　）。

A. 不变　　B. 扩展　　C. 压缩　　D. 相移

3. 测试装置的频率响应函数 H（jω）是装置动态特性在（　　）中的描述。

A. 幅值域　　B. 频域　　C. 复频域　　D. 时域

4. 磁电式绝对振动速度传感器测振频率应（　　）其固有频率。

A. 远高于　　B. 等于　　C. 远低于　　D. 无关于

5.（　　）的基本工作原理是基于压阻效应。

A. 金属应变片　　B. 半导体应变片　　C. 压敏电阻　　D. 热敏电阻

6. 压电式振动传感器输出电压信号与输入振动的（　　）成正比。

A. 位移　　B. 速度　　C. 加速度　　D. 力

7. 滤波器的截止频率是其幅频特性值等于（　　）时所对应的频率。

A. $A_0/2$　　B. $A_0/1.414$　　C. $A_0/3$　　D. $A_0/4$

8. 为了能从调幅波中很好地恢复出原被测信号，常用（　　）作为解调器。

A. 鉴相器　　B. 整流器　　C. 鉴频器　　D. 变压器

9. 普通射线示波器的水平扫描信号是（　　）。

A. 正弦波　　B. 锯齿波　　C. 三角波　　D. 方波

10. 两个不同频的简谐信号，其互相关函数为（　　）。

A. 周期信号　　B. 常数 τ　　C. 零　　D. 无穷大

二、填空题（15分）

1. 信息是被研究对象________的特征，信号则是________的载体。

2. 某位移传感器测量的最小位移为0.01mm，最大位移为1mm，其动态线性范围（或测量范围）是________ dB。

3. 描述测试装置动态特性的数学模型有________、________、________等。

4. 测试装置在稳定情况下，输出信号变化量和输入信号变化量之比称之为装置的________。

5. 对信号的双边谱而言，时频谱（幅频谱）总是________对称，虚频谱（相频谱）总是________对称。

6. 利用逆压电效应，可制作________、________等。

7. 带通滤波器的上截止频率 f_{c2}，下截止频率 f_{c1}，若为1/3倍频程滤波器，则 f_{c2} 与 f_{c1} 的关系为 f_{c2} = ________。

8. 单自由度系统质量块受力所引起的受迫振动，位移共振频率________系统固有频率，速度共振频率________系统固有频率，加速度共振频率________系统固有频率。

三、多选题（10 分）

1. 下列哪些是瞬变信号（　　）

A. 正弦信号　B. 矩形脉冲信号　C. 指数衰减信号　D. 单一脉冲信号

E. 衰减振荡信号

2. 若测试装置的幅频特性 $A(\omega)$ = 常数，$\varphi(\omega) = -1800$，则该装置（　　）。

A. 满足不失真条件　B. 产生相位失真

C. 输出信号反相位　D. 输出会产生非线性失真

E. 不满足不失真条件

3. 利用外光电效应原理工作的光敏器件有（　　）。

A. 光敏电阻　B. 光导管　C. 光电管　D. 光电池

E. 光电倍增管

4. 测力传感器静态标定时，所施加的标准力的量值用（　　）来度量。

A. 砝码　B. 量块　C. 标准测力环　D. 量规

E. 压力机

5. 幅度调制(AM)是（　　）。

A. 载波与调制波相乘　B. 载波幅值随调制信号幅值而变

C. 载波与调制波相加　D. 载波频率随调制信号幅值而变

E. 载波与调制波卷积

四、简答题（20 分）

1. 什么是调制和解调？其作用是什么？

2. 以二阶系统为例，简述求解具体系统频谱特性的一般步骤，并简要说出二阶系统的特性。

3. 简述应变电测法的测量系统组成（画出框图）及基本原理。

4. 对单自由度系统质量块受力所引起的受迫振动，分别写出其位移频率响应函数、速度频率响应函数、加速度频率响应函数。

5. 参量式传感器与发电式传感器有何主要不同？各举一例。

五、分析计算题（30 分）

1. 求图 1 所示信号 $x(t) = \begin{cases} e^{-t} & (t>0) \\ 1 & (t=0) \\ 0 & (t<0) \end{cases}$ 的频谱。

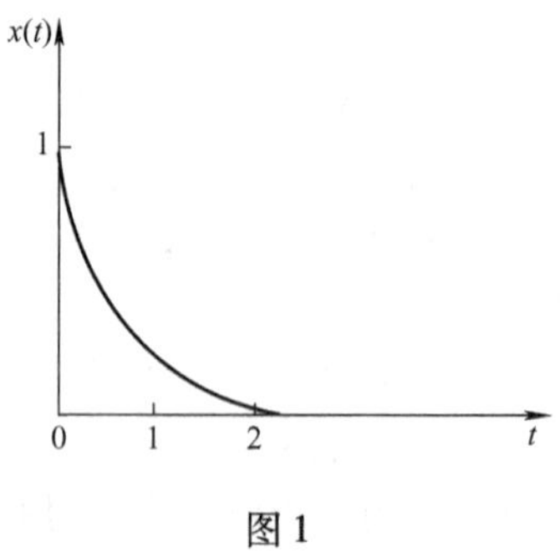

图 1

2. 用电阻应变片及双臂电桥测悬臂梁的应变 ε，现有两个应变片标称电阻为 R_1、R_2 和两个固定电阻 R_3、R_4。已知 $R_1 = R_2 = R_3 = R_4 = R = 120\Omega$，应变片的灵敏度 $S_g = 2$，测得应变 $\varepsilon = 10000\mu\varepsilon$，电桥电压 $U_e = 3V$，求：

（1）如何在梁上贴片？如何组桥（用图说明）？

（2）电桥的输出电压 U_o = ？应变片电阻的变化 ΔR = ？

3. 现测得数控加工中心的振动信号为 $y(t) = 200\sin\omega t$，主轴转速变化信号为 $x(t) = 10\sin\omega t$。试通过计算机床振动的相关函数 $R_{xy}(\tau)$ 分析说明主轴转动不平衡是否为主振源。

六、综合设计题（15 分）

加工过程中，需对回转轴转速进行测量。已知其额定转速为3000r/min，请设计一个转速测量装置，要求画出测量系统结构框图，说明传感器的选用，测量电路的设计，并阐述测量原理。

测试题一答案

一、单选题

1. B　2. B　3. C　4. A　5. B　6. A　7. B　8. C　9. B　10. A

二、填空题（15 分）

1. 附加运动
2. 传感器　中间变换电路　显示记录装置
3. 灵敏度　非线性度　回程误差
4. 传感器
5. 时间 t　频率 f
6. 力传感器　加速度传感器
7. $\sqrt{f_{c_1} f_{c2}}$　$f_{c2} - f_{c1}$
8. 感抗

三、多选题

1. ACDE　2. ABCD　3. BC　4. ABD　5. AB

四、简答题

答案：略。

五、分析计算题

1. $x(t) = \frac{1}{2} - \frac{1}{\pi}\left(\sin \omega_0 t + \frac{1}{2}\sin 2\omega_0 t + \frac{1}{3}\sin 3\omega_0 t + \cdots + \frac{1}{n}\sin n\omega_0 t\right)$

2. $\psi_x^2 = 6400$　$x_{rms} = 80$

3. （1）图略　（2）$u_o = 0.6\text{V}$

六、综合设计题

设计方案不唯一，略。

测试题二答案

一、单选题

1. A　2. C　3. B　4. A　5. B　6. C　7. B　8. B　9. B　10. C

二、填空题

1. 客观存在或运动状态　　信息
2. 40
3. 微分方程　　传递函数　　频率响应函数
4. 灵敏度
5. 偶　　奇
6. 超声振荡器　　微位移控制器
7. $2^{1/3}f_{c1}$
8. 小于　　等于　　大于

三、多选题（10 分）

1. BCDE　2. AC　3. CE　4. AC　5. AB

四、简答题

答案：略。

五、分析计算题

1. $X(\omega)=\dfrac{1}{1+j\omega}$

2. （1）图略　　（2）$U_o=0.03\text{V}$　　$\Delta R=2.4\Omega$

3. $R_{xy}(\tau)=1000\cos\omega\tau$ 分析略。

六、综合设计题

设计方案不唯一，略。

参考文献

[1] 熊诗波，黄长艺．机械工程测试技术基础［M］．3 版．北京：机械工业出版社，2006.

[2] 陈花玲，机械工程测试技术［M］．北京：机械工业出版社，2008.

[3] 王伯雄，测试技术基础［M］．北京：清华大学出版社，2004.

[4] 贾民平，张洪亭．测试技术［M］．2 版．北京：高等教育出版社，2009.

[5] 于永芳，郑仲民．检测技术［M］．北京：机械工业出版社，2003.

[6] 史天录，刘经燕．测试技术及应用［M］．2 版．广州：华南理工大学出版社，2009.

[7] 祝海林．机械工程测试技术［M］．北京：机械工业出版社，2012.

[8] 周杏鹏，等．现代检测技术［M］．北京：高等教育出版社，2004.

[9] 百度文库．机械工程测试技术基础课后习题答案．http：//wenku. baidu. com/view/c5660cd3b9f3f90f76c61b69. html.